赤ちゃんの未来がひらける「新しい胎教」　胎児から子育てははじまっている

七田真
最新胎教

右腦開發之父教你
從懷孕開始的最高育兒法

教育學博士 七田真 著　賴翠芬 譯

Chapter 3
大腦的營養——卵磷脂

Chapter 4
懷胎十月

Chapter 5
新的分娩法

Chapter 6
胎內記憶

Chapter 7
母親的胎教報告

Chapter 8
分娩後的育兒

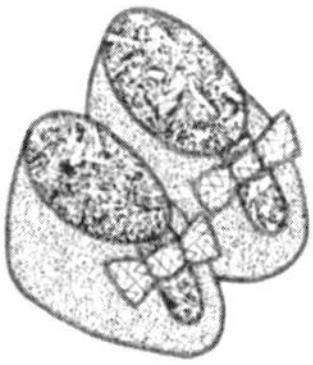

前言

以前，人們對胎兒和新生兒的能力有很大的誤解。大家都以為，胎兒和新生兒的大腦尚未成熟，無法發揮思考和記憶這些高難度的功能。

人們誤以為，胎兒和新生兒的大腦中，形成腦神經迴路的髓鞘（myelin sheath）還不發達，無法絕緣，因此，信號無法順利地在迴路中傳遞。也就是說，在大腦完全發育完成以前，大腦皮質是無法發揮功能的。

就連被視為美國零歲教育權威的巴頓．懷特，也認為新生兒不具備思考能力。

但在這二十五年間，關於新生兒和胎兒的研究有了突飛猛進的發展。二十世紀初，幾乎沒有發表出任何有關新生兒和胎兒的研究論文；但在二十世紀中期，卻增加了有五百篇左右。一九六〇年至一九七〇年期間則超過了兩千篇。

最近的研究內容幾乎都具有革命性的意義，哈佛大學的貝瑞·布列茲頓（T. Berry Brazelton）教授更指出，新生兒是天才。撰寫《記憶誕生的孩子們》（*Babies Remember Birth*）的大衛·張伯倫說：「這個世紀是新生兒的世紀。」不僅如此，如今甚至有人認為胎兒是天才。

也就是說，未來在思考育兒問題時，必須將胎教納入其中。如今我們已經十分清楚，胎兒在母體中就已經有心智活動，智能和記憶也已經開始發揮功能，性格的形成和語言的學習也都是從胎兒還在母親體內時就已展開。

胎兒並不是沒有心智活動或沒有感覺、智能、記憶及感情的生命體，因此育兒必須從孩子還是胎兒時就開始。

同時，對於分娩，我們也該有新的認識。最近，分娩的方法變得越來越不自然了，因此，許多孩子在出生後，成長的情況發生了急遽的變化。

尼古拉斯·丁伯根（Nikolaas Tinbergen）在一九七三年獲得諾貝爾生理學或醫學獎，他在領獎時所發表的得獎演說中，有三分之二都在談自閉症。

他指出，嬰兒在嬰兒床上的死亡案例、有智能障礙以及缺乏學習能力的兒童正不斷在增加，身心障礙兒也是。同時，兒童學業成績水準急速下降等事實，追根究柢，都是因為不自然的分娩方式所造成。

目前，在醫療現場，陣痛前的投藥與麻醉、陣痛促進劑、剖腹產和過早剪斷臍帶等情況，都是司空見慣的。

美國婦產科的教科書中有提到，在臍帶仍有活動時，絕對不能剪斷。丁伯根認為，高科技分娩會傷害新生兒的大腦。

有些醫師會將剛出生的嬰兒提在手上，拍打他的屁股讓他哭，這個動作是為了讓受麻醉侵害而極度疲勞的嬰兒開始呼吸。採取自然分娩的嬰兒，則不會有呼吸困難的情況。

格德巴克．席夫曼認為，因為分娩時的大腦損傷造成學習能力出現問題的兒童，占了就學人口的百分之二十。

因此，我們必須重新認識胎教和分娩。

如果本書能夠幫助即將生兒育女的準父母，和即將誕生的寶寶建立健康的情感羈絆，將是筆者最大的榮幸。

七田真

CHAPTER 1

育兒始於胎教

1 人的一生取決於胎兒期的環境

近年來，市面上出現了許多關於胎教的書，這在三十年前是難以想像的情況。因為，在三十年前，人們認為胎兒根本沒有意識和感覺。胎兒在出生以前，根本不被認為是人。

巴頓．懷特被視為美國零歲教育的權威，當時，連他也認為「新生兒沒有思考能力」。因此，根本沒有人會認為胎兒有意識、心智和感覺。大部分人都認為，在母親體內沉睡的胎兒是完全沒有感覺的。

然而，如今人們逐漸瞭解到，母體內的環境是人格形成的原點，會對人的一生產生影響。

因此，胎教的問題便浮上了檯面。在東方國家，自三千年前就很重視胎教，如今，這點終於被歐美國家接受了。

撰寫《胎兒會學習》（*The Perception by the Unborn*）的美國語言學者拉夫拉・恩格爾也提到，在三十年前研究胎兒時，人們甚至根本不知道「胎教」這個名詞。

然而，有些人極其厭惡胎教，他們也表明了，對於從胎兒期就必須開始實行教育感到厭惡。

胎教並不光是指從胎兒時期開始的教育而已，雖然其中也的確包含了教育的含意，但胎教的意義更加廣泛。

胎教的基本概念，是要讓寶寶在胎兒時期就充分感受到父母的愛，改善胎兒的生活環境。因為，人的身體條件、性格和才華，乃至人格形成都和胎兒期有著極大的關係。

2 胎兒會接收母親的所有想法

以前人們一直認為，懷孕三個月的胎兒聽不懂話語，因此根本無法瞭解母親的想法和母親說的話。

但是，胎兒具有「無意識」。無意識擁有「意識」所沒有的巨大潛能，具有極大的資訊蒐集能力。

無意識的資訊迴路和意識的資訊迴路不同，胎兒能夠利用無意識的資訊迴路，學習所有知識。

無意識具有驚人的資訊蒐集能力，尚未學習語言的胎兒，可以運用這種資訊蒐集力學習知識。

胎兒是在無意識中領會及掌握這些為數龐大的印象，並且成為人格形成的背景與材料。這是使人格適應生存條件的自然方法。

從前，我們一直認為人在出生後才開始適應生存環境，其實，在受胎的剎那，就已經開始了。

如果母親沒有瞭解到這一點，經常讓胎兒感受到壓力，就可能導致難產。孩子出生後也會經常哭鬧、不喝母奶，變成一個讓大人傷腦筋的孩子，讓父母倍感煩惱。

相反地，如果父母能夠瞭解胎兒具有無意識，在得知自己懷孕後，便給予孩子充分的愛，就可以培養出一個聰明的天使寶寶。

在良好胎教下出生的孩子，會具有以下六大特徵——

①情緒穩定，經常面帶笑容。
②晚上不會哭鬧。
③社交性強（不怕生）。
④吸收力很強（學習能力很強）。
⑤較早開始說話。
⑥右腦發達。

以下要介紹一篇報告，是關於接受過胎教的孩子。

在滿月定期檢查時，醫師和護士都稱讚說：「這個孩子看起來一點都不像才一個月大，脖子已經很挺，也很有力。」

孩子一個半月時，已經不需要半夜餵奶了。大女兒每天晚上八點睡覺，他也會配合大女兒的時間，在八點前後三十分鐘睡覺，並在早晨五點半到六點半之間起床。他從來不會隨便哭鬧，而會「ㄚ、ㄚ、ㄇㄚ」地叫我。

孩子的爸爸在逗他後故意躲去廚房，當他看不到爸爸，就四處張望，並叫著

「ㄆㄚ、ㄆㄚ」。

我在一旁看著嚇一跳，就抱著他去找爸爸，說：「他剛才叫了一聲ㄆㄚ、ㄆㄚ耶，是ㄆㄚ、ㄆㄚ喔。」然後把孩子交到他爸爸手裡時，他又高興地露出笑容，叫了一聲「ㄆㄚ」。結果，他爸爸說：「我上個星期就已經聽到他叫了。」

不知道這是不是就是老師說的胎教成果？昨天，我在餵他喝奶並對他說話時，他竟然對我說：「ㄇㄚ、ㄇㄚ、ㄋㄟ、ㄋㄟ。」

我和大女兒面面相覷，「他剛才說話了耶！」「他是不是說ㄇㄚ、ㄇㄚ、ㄋㄟ、ㄋㄟ？」正當我們還在驚訝，他又再說了一次。因為很吃驚，所以我是邊帶著興奮的心情邊餵奶的。

我每天的生活都好愉快，連我周圍的朋友們也都對我說：「妳看起來好快樂、好幸福喔！」

原來進行胎教後，從新生兒期開始，育兒工作就能如此愉快。我覺得自己好幸福。

3° 一旦發現懷孕

自從醫師對妳說「恭喜」的那一刻起，就可以開始進行胎教了。但有人或許會懷疑，才兩、三個月的胎兒能聽懂媽媽說的話嗎？其實孩子真的聽得懂。

懷孕兩、三個月的胎兒可以完全瞭解母親說的話和母親心裡想的事。或許有些人會感到訝異，但這是千真萬確的。

人類的智力本來就不在頭腦中，而是在細胞裡。因此，甚至有人說：「不是頭腦有智力，而是細胞有智力。」

隨著對基因的研究，人類對基因有了極大的發現。人類是細胞的聚集體，一個體重六十公斤的人，全身約有六十兆個細胞。除了一些例外情況，每一個細胞都帶有相同的基因。

每個人都是從一個細胞（受精卵）開始的。一個細胞變成兩個，兩個變成四個，在不斷成倍分裂過程中，終於造就了一個人。人體的每一個細胞都具有智力。

一般認為，思考和行動都是在大腦的指令下進行的，但在大腦中，實際發揮作用的是細胞和細胞之間的網路，細胞的功能則取決於基因的指令。

也就是說，我們必須重新認識到，人類能力的根本不是來自於大腦，而是細胞裡基因的功能。

一旦知道了每一個細胞都具有智力，就不難瞭解，為什麼懷孕才兩、三個月的胎兒雖然還沒有形成大腦，卻已經「聽」得懂母親說的話。

研究報告指出，當母親對著超音波診斷裝置影像中的胎兒說「動一動給媽媽看」，寶寶真的會動。由此也可以感受到胎兒具有智力。

另外，基因也有消除所有疾病的能力。胎兒細胞的基因完全處於「ON」的狀態，對於這些基因情報，胎兒們運用自如，但也只有在胎兒期可以做到這一點。所以我才說，在人的一生中，胎兒期是最天才的時期。

因此，我經常建議孕婦們，一旦知道自己懷孕，就要對「寶寶」說：「一定要健康喲！」「一定要自己順順利利地生出來喲！」至少要對寶寶提出這兩個要求。同時，我也告訴孕婦，一旦發現胎兒患有疾病，可以要求胎兒靠自己的力量治好疾病。

的確有報告指出，胎兒治好了自己的疾病，也治好了母親的疾病，例如子宮肌瘤、害喜症狀和先兆性流產（Threatened abortion）等。

說到胎教，大家都會以為是在胎兒時就要教寶寶學這學那的，其實不然。胎教是要培養孩子能夠充分發揮並運用與生俱來的能力。

進行胎教，可以使寶寶從胎兒時期就充分感受到父母的愛，這麼一來，寶寶出生後，個性會十分溫和，幾乎很少哭鬧，吸收能力強，記憶力也相當好。

育兒的目標是要培養身心健康的兒童，提升孩子的情感理性和能力，使孩子未來能在寬廣的世界中自由探索、成長。

孩子出生後的教育固然重要，但如果母親不瞭解胎兒的心理，很可能會傷害到胎兒的心，因此，我希望所有母親的育兒工作都要從胎教開始。

胎兒不僅具有感受力，還擁有學習能力和記憶能力。但是，我希望各位父母也要多注意胎兒的心靈成長。

4 藉由心電感應與母親傳遞訊息

有一位六歲女孩的母親，一直以來為了女兒半夜哭鬧煩惱不已。其實孩子會半夜哭鬧是因為她心裡有悲傷的回憶。

這位母親將女兒半夜哭鬧的情況，寫成了以下的報告寄給我。

我女兒快滿六歲了，但她幾乎每天晚上，都會在入睡後一個半小時左右開始哭。四歲以前，我一直都陪著她睡，等她睡著後，我再起床去做家事，但只過了一會兒，她就開始哭了。

五歲時，我曾經帶她去醫院檢查過，但醫師認為這只不過是單純的夜哭。一旦開始哭鬧，她就會站起來走來走去，或是一直哭個不停。此時我會開燈，叫醒她，問她為什麼哭，她卻回答說：「我也不知道為什麼。我有哭嗎？」第二天再問她，她也完全不記得自己哭過。

正當我不知道該怎麼辦，我想起了曾在七田老師的書和《零歲教育》雜誌中看到，小孩子記得胎兒時期的事。

我也想起，在我害喜得很嚴重時，我曾經想過不要這個孩子，也說了很多抱怨的話。所以，晚上當女兒在哭，我就向她道了歉。

結果她對我說，她好難過。

我緊緊抱住她，告訴她我很慶幸她可以這麼健康地成長，告訴她我很愛她，結果，從第二天開始，她竟然完全都不哭鬧了。

我真的很驚訝……女兒竟然感受到了我懷孕時的想法。

由此可知，胎兒在懷孕兩、三個月時，就已經能靠心電感應來獲知母親的想法。

5 母親要拜託胎兒的兩件事

知道自己懷孕後，媽咪至少要拜託胎兒兩件事。

第一件事，是拜託寶寶「一定要健康地出生」。第二件事則是「一定要靠自己的力量順利生出來喲」。

人的一生中，胎兒時期是最能夠使基因發揮力量的時期，所以胎兒們通常都可以達到母親的要求。

本來，大家都以為分娩是母親的事，和胎兒沒有太大的關係，但其實不然。胎兒製造促腎上腺皮質激素的能力是母親的十倍，可以靠腦下垂體的功能調節荷爾蒙，對母體產生作用，決定生產的時間，控制分娩的進行。

進入懷孕後期，胎兒會大量分泌促腎上腺皮質激素之一的DHA，流入胎盤後，就會變成雌激素這種女性荷爾蒙，以引起陣痛，使子宮口變柔軟。

平常胎兒是在無意識的情況下完成這一切，但只要母親拜託胎兒，寶寶也能夠有意識地完成這些工作。

胎兒的無意識具有巨大的力量，當父母親拜託他們，就可以充分激發其無意識的力量。因此，除了這兩件事，還可以拜託胎兒調整出生日期或體重，如果醫師說胎位不正時，也可以拜託胎兒自己矯正胎位。

6 母親們的報告

一位母親的來信

我在得知自己懷孕時，心裡雖高興，卻也同時產生了其他的不安。因為醫師告訴我：「胎兒無法充分吸收營養，很可能會流產，也可能會胎死腹中。即使生下來，體重也很輕。」

一開始聽到七田老師的理論時，我有點半信半疑，但我還是對腹中的寶寶說：「你一定要健康地出生喔！」

之前，醫師告訴我：「寶寶可能只有兩千公克左右吧！」於是，我就一邊摸著肚

子，一邊拜託寶寶：「三天後定期檢查時，要長到兩千三百公克喲！」結果，在定期檢查時，寶寶的預測體重真的達到了兩千三百公克，這著實讓我嚇了一跳。

但醫師又告訴我：「子宮和胎盤的狀態不怎麼理想，分娩時間可能會比預產期還晚，我們要使用藥物，積極地讓寶寶順利生下來。」醫師甚至已經決定了住院的時間。

但我並不想使用陣痛促進劑，希望能夠用自然的方式生產，所以我又拜託寶寶：「希望你可以在預產期前出生，而且，體重要超過兩千五百公克喔。」

後來，在預產期的前一天，寶寶順利

出生了，體重是兩千七百三十三公克，醫師和護士都很驚訝。雖然每次定期檢查時，醫師都說寶寶很小很小，但出生時，卻比想像中大許多。

這次懷孕期間，能夠得知七田老師的事，讓我感到非常安心。真的很感謝。

來自S女士的信

時序已經進入二月，天氣突然變得更冷了，不知道老師最近身體還好嗎？

很抱歉，這麼晚才向您報告，我在一月七日早晨六點二十一分，順利生下了女兒。母女倆都很平安。

分娩時，我千真萬確地體會到，對寶寶說話真的很有效，寶寶真的可以感受到。我寫這封信給您，就是為了向您報告這一點。

其實，我女兒在出生前一直有胎位不正的問題，醫師也曾經告訴我，分娩時可能會不太順利。

一月七日凌晨一點左右，我開始陣痛，三點半到了醫院，但原本很強烈的陣痛卻突然變弱，間隔也拉長了。

陪我去醫院的母親說：「看樣子，陣痛時間可能會拖很長，大概要到中午左右才會生吧！」於是，我就對寶寶說：「寶寶快點出生吧。要順利地出生，不要讓媽媽太痛囉。」結果，陣痛立刻加強了，還出現了破水。

於是，我立刻被推進了分娩室，五分鐘後，真的順利生下了寶寶。

連醫師都很驚訝地說「好快、好快」，醫師還說：「沒想到，連胎位不正的寶寶也可以順利產出。」

陣痛時，我一直想像著寶寶經由產道分娩的樣子。我覺得，這次分娩很成功，是母女共同努力的結果，生產時的疼痛也減少了一半。

無論從矯正胎位不正或是從分娩時的經驗來看，如果我事前能更認真、紮實地做好胎教，一定可以更順利分娩，我自己也在反省這一點（老實說，我原本還半信半疑）。所以，在往後的育兒過程中，我想要充分活用七田老師的理論。

我對在胎教教室中學到的知識深表感謝，尤其是在我為胎位不正感到煩惱時，您還特地從百忙中抽出時間輔導我。真的很感謝您。

當我矯正了胎位不正，連醫院的醫師也很驚訝，我想我永遠都不會忘記醫師當時所說的話：「一百個人當中，只有一個人能夠像妳這樣。」

（三重縣　T．S）

CHAPTER 2

努力生一個健康的寶寶

1 介紹胎教的書籍增加了

育兒要從胎教開始。近幾年，許多醫師都寫了相關的書籍，說明胎教的重要性。每一本書上都談到，胎兒已經具有人格，並且擁有神祕的能力。

有些書中還談到，人類的大腦中還有未開發的領域，如果能夠在胎兒時期就開發這些領域，人類就可以更充分運用大腦。

胎兒的體內有許多無法用科學解釋的東西，還隱藏著極大的潛能。許多母親已經發現了這一點，因而開始著手進行胎教。

美國曾經拍攝了一部電影叫《我的繼母是外星人》（*My Stepmo ther is an Alien*）。電影中，外星人新娘對地球人丈夫說：「地球人的大腦只用了百分之三十五，在我們的星球上，大腦的利用度是百分之九十三。」

只要進行胎教，總有一天，人類也可以利用到百分之九十三的大腦。

胎兒的腦波和睡眠時快速動眼期（REM睡眠）的腦波相同。處在這種狀態下，胎兒的心和宇宙是一體的。胎兒的意識就是宇宙的意識，可以順利吸收來自宇宙的資訊和能量。

胎兒的腦波是七．八赫茲，快速動眼期時的腦波也是七．八赫茲，宇宙的波動也是七．八赫茲（被稱為舒曼共振），超能力者在發揮超能力時的腦波也是七．八赫茲。腦波在七．八赫茲的狀態下，可以順利吸收來自宇宙的資訊和能量。

所以，胎兒是天才。也因此，胎兒才能夠實現母親的要求。

有一位懷孕三個月的母親突然感到肚子痛，去醫院檢查時，醫師說是先兆性流產。於是，這位媽媽就一直摸著肚子積極地對胎兒說：「不要再讓媽媽肚子痛了，你也不想被流掉吧？趕快治好不舒服的地方，快快好起來。」

結果，原本肚子的緊繃感突然消失，疼痛也消失了。三天後，再到醫院去檢查時發現，先兆性流產已經自行痊癒了。

2 值得推薦的胎教法

以下，將按照懷孕時間介紹一套胎教法，以利父母進行理想的胎教。

〈懷孕兩個月〉

發現自己懷孕後，夫妻要共同分享這份喜悅，並告訴胎兒「謝謝你的到來」，從這個時候開始，就要發揮母愛。

絕對不能喝自來水，要喝經過淨水器過濾的優質水，而且要攝取天然鹽，不能吃精製鹽。

〈懷孕三個月〉

只要持續喝優質的水、攝取優質的鹽和均衡的飲食，就幾乎不會出現害喜現象。甲田醫院的甲田光雄醫師大力推薦自然分娩。此外，他認為造成孕婦害喜的最大原因，就是停滯在腸道的「宿便」，因此，要把宿便排乾淨。

服用有助於消除嬰兒宿便的「麥芽糖漿」（藥局有賣），就可以消除宿便，減少害喜，生出健康的寶寶。

要盡可能減少攝取肉、蛋和牛奶，並且從這個時期開始，好好向胎兒傳達充滿愛的語言。

〈懷孕四個月〉

懷孕四個月時，還處於不安定的時期，要避免游泳等激烈運動。

可以閱讀一些胎教的書。

從這段時間起，母親可以開始進行想像訓練（第4章將詳細介紹想像訓練）。想像訓練可以使孕婦放鬆身心，將腦波切換到右腦。左腦是使用語言的溝通腦，右腦是不需要用語言，而是靠心靈交流的溝通腦。

進行想像訓練，可以打開和胎兒的溝通頻道（右腦頻道），這樣就可以順利和胎兒溝通。

〈懷孕五個月〉

從這個時期開始，要進行正式的胎教，同時記得要寫下日記。要聽一些優美的音樂。感受到胎動時，可以摸著肚子對胎兒說話，並告訴胎兒用「咚、咚」踢幾下的方式表達YES。

或者也可以進行想像訓練，想像腹中寶寶的樣子。這樣一來，就能在想像訓練中和胎兒對話。

孕婦們可以使用上述兩種對話方法，和腹中的寶寶對話。

每天都要去散步，把看到的風景告訴肚子裡的寶寶。對寶寶說話時，一定要添加些想像進去。

〈懷孕六個月〉

早晨醒來時，可以問腹中的寶寶：「你醒了嗎？如果你醒了，就踢一踢媽媽當作回答。」並用手撫摸肚子。有些寶寶真的會「回答」。

這麼一來，就可以和寶寶進行任何對話。可以談談各種事，但不要太囉唆。胎兒也需要一段安靜的時間。

可以聽聽音樂，或是唸書給寶寶聽。不要忘了也讓爸爸跟寶寶說說話。對寶寶說話時，聲音一定要稍微大一點，說話速度慢一點，還要充滿感情。

胎兒最討厭夫妻吵架和電視的聲音，這兩種聲音會影響胎兒的大腦功能。父母充滿愛的聲音可以使胎兒的視丘發展良好。視丘是大腦神經的聚集處。從這個時期開始，胎兒就已經會選擇資訊。當接收到愉快的資訊，胎兒會打開視丘；遇到不愉快的資訊時，就會關閉視丘。

如果經常提供一些不愉快的資訊，會讓胎兒變得自閉，無法理解語言，變成一個拒絕接收資訊、記憶力差的孩子。

在這個時期，若要讓孩子聽英語，最好只聽一些單字。同時也可以出示狗狗的圖片，並在心中想像狗狗的模樣，然後告訴他這是「dog」。

〈懷孕七個月〉

這時，胎兒已經有明顯的好惡。當媽媽看著草莓，有些寶寶會拚命活動，告訴媽媽自己想吃。

當媽媽問：「想吃草莓嗎？」並輕輕撫摸肚子，寶寶會拚命踢腿，以回答媽媽「想吃」。此時可以告訴寶寶，「那和媽媽一起吃吧」，再吃下草莓，之後可以摸著肚子問寶寶：「好吃嗎？」寶寶就會踢著肚子回答：「好好吃」。

有些媽媽則是拜託寶寶，「爸爸回來時，要告訴我喲」，那麼，當爸爸回來，寶寶就真的會告訴媽媽。

胎兒不會受到腹部這道「牆」的阻礙，可以發揮右腦的功能，蒐集資訊。這段期間，父母可以多對腹中的寶寶說一些充滿愛的話語，以打開寶寶的心房，激發寶寶的右腦能力，這麼做比熱中教導寶寶知識更重要。

要積極進行想像訓練，努力使腹中寶寶的腦波和媽媽的腦波產生共鳴。

當母親和胎兒合為一體，就可以激發寶寶驚人的能力。不僅如此，母親也會在胎兒的協助下，增進自己右腦的想像能力。

〈懷孕八個月〉

可以使用繪本，用想像將花、鳥和水果的圖像傳送給胎兒，同時告訴寶寶這些東西的名稱。

可以一頁一頁地，慢慢地用想像傳輸給寶寶，無論是「ㄅ、ㄆ、ㄇ」「A、B、C」，還是可以激發胎兒計算能力的數點卡「⚀・⚁・⚂」，都可以用想像傳遞給腹中的寶寶。

也可以聽一些優美的音樂，還可以幫寶寶取一個暱稱，平時就用這個名字叫他，和他對話。

當寶寶懂得回答，一定要發自內心地加以稱讚。要經常讀相同的故事給他聽，讓他在出生時，就記得這個故事。

〈懷孕九個月〉

聽到警車或飛機的聲音時，可以告訴寶寶那是什麼聲音。也可以把媽媽正在做的事、看到的景像告訴寶寶。這樣一來，媽媽就不需要擔心自己不會說話，不知道該對寶寶說些什麼。

可以把自己一天的生活告訴寶寶，告訴他即將誕生的是怎麼樣的環境。

在這段時間，可以好好拜託寶寶：「媽媽希望你出生時，體重是（幾）公斤，希望在（幾）月（幾）日出生，要靠自己的力量，從頭部開始出來喲。出生以後，每天都要快快樂樂的。晚上不能吵鬧，一定要乖乖睡覺。」

也可以拜託他：「身體不好的地方要自己治好，一定要健康地出生喲！」

〈懷孕十個月〉

終於來到最後一個月了，這個時候，可以複習之前教過的注音符號、數點卡、英語和故事書等。

在寶寶即將出生時，要再重申一次拜託過寶寶的事。告訴寶寶，大家都很期待他的誕生，告訴他誕生後，有許多快樂的事，也已經為他準備了睡覺的地方、衣服和玩具，告訴他，不需要為即將來到這個世界感到任何不安。

一位母親的體驗

我是在懷孕七個月的時候開始去胎教教室的。在此之前，我就很注重懷孕時的營養，所以一直積極攝取卵磷脂、DHA、維生素、蛋白質和優質的水。

白天時，我和大兒子、還有腹中的寶寶（M子）三個人經常會聊天，去胎教教室上課時，我第一次請人幫我照顧哥哥，使我和M子有了獨處的機會。在聽老師講課、做美人魚體操和與胎兒對話的過程中，我漸漸可以看到M子的臉，聽到她的聲音，也可以抱她。我也把想像的內容都傳遞給了M子。

雖然一開始時我覺得很難，不知道要怎樣傳遞想像的內容，但有次當我對她說「那我們開始玩數點卡吧」，M子立刻向我示意說「好啊」，這讓我覺得她真的好可愛。之後，一切就變得十分順利。當時，我真的很感動。

當老師對著腹中的M子說話，或是告訴她「那今天的課就上到這邊」，她的反應會很強烈，就算隔著一層衣服也可以明顯感受到她正動來動去地表示回應，這經常讓我和老師一起哈哈大笑。

因為M子聽到了老師的聲音，我就用想像把老師的長相傳送給她，結果孩子出生後，我帶著她第一次去教室時，她在看到老師的臉、聽到老師的聲音後，竟然露出了懷念的表情，這令我感到相當驚訝。

出院後，我住在娘家時，沒有給她使用小浴盆洗澡，而是直接把她放進大浴缸裡。進行胎教時，我曾經告訴她：「泡在大浴缸裡好舒服，還可以玩水喔。想不想在浴缸裡好好伸展手腳呢？」而且，在懷孕期間，我在洗澡時，也能夠感受到她在我肚子裡很放鬆地伸展手腳。所以她出生後，即使把她放進大浴缸裡，她也一點都不怕水，還會自由自在地伸出手腳活動，表情生動極了。

當她哥哥從一數到十，她總會露出一副「我瞭解，那是該從浴缸裡出來了的口令」的表情。

滿月後，我把她放在水裡游泳，或是配合童謠〈達摩娃娃〉的音樂，把她垂直放進水裡時，她也從來不哭，總是睜大著眼睛、吐著泡泡潛入水裡。

即使剛開始她露出了大吃一驚的表情，但只要向她解釋現在到底是什麼樣的狀況，她就會露出「我瞭解了」的表情。

當胎教教室的Y老師拿出形容詞的卡片給她看，她會張大眼睛，認真看著卡片，眼珠子轉啊轉的，對每個詞彙都會發出「呀」或「啊」之類的聲音反應。

滿月後，我們常有機會帶她去哥哥的同學家或是公園玩，她總是面帶笑容，幾乎不會吵鬧，親朋好友們經常稱讚「她很乖耶」，或是驚訝地問：「才○個月大嗎？看起來好穩重。」

我母親甚至說：「感覺不太像個小嬰兒，真有點奇怪呢。」

她出生後第一天，我就拿花給她看並告訴她：「這是玫瑰花，是不是很漂亮又很香？」她眨著大眼睛，像是在回答我，雖然才剛出生，但她似乎已經能夠理解我的話了。

當M子把她的願望傳達給我們父母，讓我充分感受到了胎兒的力量。我先生當時人在千葉，我在札幌，但我們卻同時想到了「M子」這個名字。可見M子自己是多麼希望取這個名字。

M子很有女孩味兒，她很喜歡聽到別人說她「真可愛」，每次都會露出高興的模樣。不知道這是否也是詞彙波動的力量呢？別人說她「真乖」時，她並不會非常高興，但若聽到別人說她「好可愛」時，就會表現得很開心。

雖然她還不會說話，但她會像大人一樣，用表情或聲音表達她想要的東西，很少哭鬧。日前去做四個月健康檢查時，醫師說她「是個很乖很成熟的孩子呢」，還稱讚說：「已經長牙齒了，養得又壯。光吃母乳就能養得這麼好，真是太棒了！」在接受預防接種前，我預先向她說明，她也只哭了一下下，就立刻又恢復了往常的笑容。

今後，我要多培養孩子的好奇心，培養她的知性，讓她的生活中充滿笑容。我會始終將「育兒就是教育自己」這句話銘記在心，和孩子一同成長。還要請老師們多多指導了。

3 電磁波的可怕危害

50頁這張表是較早之前的資料，為一九八六年日本厚生省（衛生署）所發表的「人口動態白皮書」的一部分。

根據這項資料顯示，在一九八六年度，日本有兩百六十七萬名女性懷孕，有近五成（一百三十萬人）的胎兒因為流產、墮胎、死產和出生後立刻死亡等原因而死亡。根據東京大學醫學院所發表的資料顯示，有八成五的流產兒都是畸形兒。從這點來看，是否要出生似乎是由胎兒自己決定的。

同時，還有其他資料顯示，患有先天障礙的新生兒正在逐漸增加中。

一九九九年創刊的《Power space 一九九九》中介紹到：「根據一九七〇年東京某綜合醫院的資料顯示，身心障礙兒的出生率為百分之三，五年後，達到了百分之五。一

昭和 61（1986）年度　人口動態		（單位：人）
出生		**1,382,946**
乳兒死亡	7,251	1,290,839
新生兒死亡	4,296	
周產期（懷孕 22 週到出生後 7 天）死亡	10,156	
自然流產	33,114	
人工流產	35,895	
墮胎	550,127	
流產（懷孕未滿 22 週）（推測）	650,000	
總計懷孕人數		**2,673,785**

資料來源：日本厚生省

九八五年，全美身心障礙兒的平均出生率為百分之十二（美國公家機關的官方資料）。一九八八年，東京都中央區和西多摩的某婦產科資料顯示，身心障礙兒的出生率達到百分之二十五。」

《來自胎兒的警告》（克里斯多福·諾伍德著）中也記載到：「在所有懷孕的案例中，有百分之三十到四十是自然流產、死產或是生下先天性畸形兒……。」

可見，身心障礙兒的出生率有逐年增加的傾向。

不僅如此，在已出生的孩童中，有自閉傾向的孩童也如泉湧般增加（某健康中心醫師的意見）。

新生兒畸形率的增加情況到底如何？

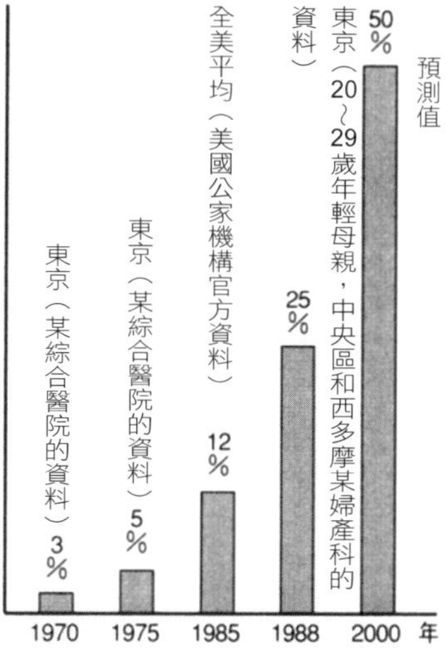

1970年……3%（東京・某綜合醫院的資料）
1975年……5%（同右）
1985年……12%（全美平均・美國公家機構官方資料）
1988年……25%（東京・20～29歲年輕母親，中央區和西多摩某婦產科的資料）

右側的數字僅包含外形畸形。但必須考慮到內臟畸形和大腦缺陷的數量可能與其相當，因此，數字高達50％是近在眼前的事。

摘自《Power space 一九九九》

根據這位醫師的說法，在替一歲半的孩童進行健康檢查時，發現其中有將近百分之五十的孩童都有自閉傾向。

究竟，造成如此令人震驚情事的罪魁禍首是什麼？原因有兩者，分別是「有害電磁波」和「自來水」。

有害電磁波和自來水是造成流產和身心障礙兒增加的潛在危險因子。首先我們來瞭解一下有害電磁波的問題。

在我們生活的家庭環境中，有許多電器用品會發出有害電磁波。電視、冰箱、微波爐、冷氣和電熱毯等家電用品可以使生活更加輕鬆舒適，但令人意想不到的是，這些電器也對人體的健康造成了極大的危害。

特別是在嬰幼兒時期，因為細胞分裂旺盛，受到電磁波的危害也越大。更何況是在形成大腦的胎兒期，影響更加嚴重。

間腦的DNA具有形成胎兒眼睛、手腳以及各個內臟器官的功能。在胎兒成長發育的過程中，間腦DNA會受到有害電磁波的影響而發生異常。電磁波會使間腦產生混亂，造成胎兒的大腦和心臟異常，也可能會引起染色體異常。

間腦可以調整並統合自律神經系統、內分泌系統和免疫系統這三大系統。人類的疾病都是因為這三大系統的異常所造成。只要這三大系統功能正常，人就可以維持健康。有害電磁波會影響間腦的功能，破壞荷爾蒙的分泌，危害免疫系統，尤其會導致荷爾蒙異常，進而使孩子的身體出現異常。

胎兒的頭部是荷爾蒙的聚集體。荷爾蒙可以促進胎兒的頭部和身體成長，以發揮傳達資訊的語言功能。

荷爾蒙對人類的成長發揮著極其重要的功能，並且對所有動物的成長都很重要。如蝌蚪變成青蛙，蛹變成蝴蝶，這些都必須靠荷爾蒙的作用。而有害電磁波會破壞間腦功能，使荷爾蒙的分泌出現異常。

間腦有接收波動資訊的能力，有害的電磁波是負面的波動資訊，它會變成負面的能量，影響胎兒的生命能量。

生命能量是生命的根本，體內的生命能量會使人體分泌荷爾蒙，使神經發揮作用。當孩子出現異常，通常是因為生命能量呈現負面狀態，正面能量很少。

有害電磁波會破壞生命能量，使間腦DNA發生異常，影響荷爾蒙分泌，破壞胎兒的大腦發育。

美國曾有一份研究報告指出，若父親是雷達操作員，其兒女罹患唐氏症的機率會比較高。

4 自來水的危險

接著，我們再來討論一下自來水的危險之處。

觀察乾淨的水結冰後的結晶，可以看到像雪花一樣漂亮的六角形結晶。

但目前在日本全國各地的自來水結晶照片中，幾乎只能看見形狀扭曲的結晶。這代表著日本全國各地的自來水都是死水。

在一九九四年九月三日的《日刊現代》（日刊ゲンダイ）中介紹到，從自來水中發現了比三鹵甲烷（Trihalomethane）毒性更強的汙染物質，這是有史以來最強的變異物質，被稱之為「ＭＸ」。

這種物質和三鹵甲烷一樣，是由氯和有機物反應形成，細胞毒性比三鹵甲烷強上數十甚至上百倍，會危害基因（ＤＮＡ），也有很強的致癌性和致畸胎性。

根據靜岡縣立大學調查小組該年夏季發表的調查結果指出，在日本全國十個地方的自來水中，東京、札幌和大阪等八個地方都檢查出含有MX。

尤其是大阪的自來水，受汙染的情況最為嚴重。京都大學調查小組的調查顯示，如果京都的自來水切斷細胞中DNA的能力是三，那麼大阪就是四十。從中或許可以找到大阪在日本全國的癌症死亡率居冠的原因。

5 母親的負面思考會傷害胎兒

以前，NHK曾經製作過一個節目，名為《來自零歲的訊息》。在這個節目中，拍出一個訊息：當孕婦和另一半吵架，或是看恐怖片接受到強烈刺激時，胎兒會在腹中發生痙攣。

一旦孕婦受到這種強烈刺激，胎兒的腦部會產生兒茶酚胺（Catecholamine），這種荷爾蒙也稱為恐怖荷爾蒙和不安荷爾蒙，會令胎兒感到極度不安，造成孩子在出生前即懷有心靈創傷，因此孩子在出生後很容易哭鬧。

有人說，身心障礙兒都有心靈創傷，不過，我們可以使用將在後面談到的「擁抱法」來對孩子進行心靈療癒，以消除這種心靈創傷。

產生心靈創傷的孩子會把心封閉起來，正因為封閉了自己，所以智能也無法健康地發展。

母親的負面想法會變成一種波動，傳遞到胎兒的間腦，導致異常荷爾蒙形成，使孩子變得愛哭、呼吸力弱，頭腦也比較不靈活。

母親在懷孕時，如果因為害喜嚴重而產生「早知道會這麼痛苦，不如不要這個孩子」等想法，而疏於向孩子傳遞愛的話語，孩子出生以後，就很容易哭鬧，會把心封閉起來，不願接受母親的愛。由於孩子不想感受母親的心，因此，也會不想學任何東西，記性也很差。

6 懷孕中的飲食要注重攝取保護物質

那麼我們應該如何保護胎兒呢？

避免接收有害電磁波，注意攝取優質飲水，不要將負面情緒傳遞給孩子，要用母愛對待孩子等等，這些都很重要。

同時，孕婦還要特別注意飲食的問題。

如果孕婦完全不吃蔬菜，只一味吃肉食，就會影響胎兒的成長。另一方面，若能多吃糙米或是壽元*，就能發揮解毒效果。

這種物質可以抑制毒性、避免幼小的細胞發生障礙、增強人體免疫力，稱為保護物質，也有某些保護物質可以促進大腦的功能。

近兩、三年來，人們才開始瞭解保護物質。這些保護物質能夠使胎內的維生素恢復正常，消除各種疾病，恢復健康，因此才稱之為保護物質。

如果對這些有助於保護幼小細胞的食物一無所知，很容易會攝取到影響胎兒健康成長的食物。

以下是有助於保護胎兒的保護物質：

- 卵磷脂
- 滋養鐵
- 壽元

＊譯註：一種使用獨特方法萃取大豆、黑豆發芽前的生命能量「大豆生長因子」所製成的健康食品。

7 影響兒童腦部發育的四大原因

如今，一般認為以下四大原因影響兒童腦部發育：

①食品添加物

②低血糖症（血糖失調）

③大腦過敏（目前，不僅身體過敏的情況急速增加，大腦過敏的情況也很嚴重）

④重金屬的危害（礦物質失調）

攝取過量食品添加物就和攝取過量砂糖一樣，會引起兒童的過動症狀，使孩子變成過動兒或出現學習障礙。

美國羅徹斯特（Rochester）大學的懷茲（Weiss）博士是行為病理學界的泰斗，他認為，食品中的有毒物質會對兒童行為產生負面影響。

不良食品指的是含有食品添加物的食品，博士認為，從行為病理學的角度來看，食品添加物對孩子們來說，簡直是毒藥。

以前，曾經針對日本廣島縣尾道市的六一五名國中男生和五五四名國中女生進行與飲食有關的問卷調查，結果發現，當孩子們攝取過多不良食品，會引起問題行為、校園霸凌以及拒絕上學等問題。

持續攝取含有食品添加物的食品，容易造成孩子情緒焦躁、生氣、易怒、沒耐性、不想上學等等，而上述情形也已獲得證實。

這種情緒上的不穩定，會讓孩子出現霸凌的行動，藉由暴力來消除心情上的鬱悶、情緒上的焦躁。調查發現，這和孩子們的飲食生活內容有密切的關係。

就結論而言，如果不正視並改善這種會侵蝕孩子心靈，引起校園霸凌、逃學問題的飲食習慣，就無法從根本解決問題。因此，育兒要從懷孕開始，在懷孕期間就要注意飲食的問題。

西元一九八七年五月三十日的《週刊現代》中，曾經刊登了一篇名為〈食品添加物和畸形兒人數激增之間有令人戰慄的因果關係〉的報導，其中談到日本人的飲食生活已經危機四伏，也談到了添加物會對胎兒造成直接的影響。北九州州立綜合醫療保育中心的原口診療部長認為，現代嬰兒的哭法有些反常，這種一直哭鬧不停的情況，其實是很不尋常的。

據原口醫師說，去該醫院就診的許多孩子都有血糖失衡的問題。經檢查後發現，這些血糖失衡的孩子，其母親大多患有糖尿病或有糖尿病傾向。美國一項針對血糖異常兒童進行的調查，也發現了相同的結果。

因此，問題在於孕婦攝取了過量糖分。糖分攝取過量容易生下身心障礙兒。更有說法指出，母親罹患糖尿病的比例，和兒童罹患自閉症、情緒障礙的情況成正比。

因此，孕婦必須瞭解攝取過量砂糖的嚴重性。

前東大醫院婦產科主任山口正義醫師認為，問題孕婦很容易生下問題兒童。砂糖的危害性和食品添加物一樣可怕。若攝取了過量糖分，孩子的頭腦就會處於亢奮狀態。

最近，有很多年紀很小的孩子也出現過動現象，這都是因為糖分攝取過量，使孩子的大腦處於亢奮狀態，使孩子變得好動。

費高德（Feingold）博士認為，化學物質會引起輕微的大腦功能異常，導致兒童出現學習障礙。

輕微的大腦功能異常也稱為HLD病（過動學習障礙），是一種大腦本身沒有損傷，只是功能發生異常的狀態。

一般認為，缺乏維生素B會導致HLD病，紐約的寇特博士曾經接觸過五百位HLD病童，在讓他們服用過維生素及礦物質後，都獲得了相當程度的改善。

撰寫《麥高文報告》（*McGovern Report*，是美國參議院營養問題特別委員會花了兩年時間，針對美國國民的食品和營養問題進行的大規模研究所做的報告，由於委員長姓麥高文，故得此名）的布朗博士指出，那些很容易發脾氣、有異常行為的孩子都是因為攝取了過量的食品添加物，而且缺乏維生素與礦物質，只要改善這種情況，在短短兩、三個月內就可以恢復正常。

大腦過敏會引起自律神經失調和情緒障礙，經常會被誤認為是有精神疾病。

世界級的過敏學家藍道夫博士認為，食物過敏不僅會對身體產生影響，也會導致大腦異常。

讓我們參考一下藍道夫博士治療一位對食物過敏的少年案例。

少年R．S十二歲，有失眠、暴力等許多令人煩惱的症狀，睡覺時，如果不開著收音機就無法入睡。他很喜歡喝柳丁汁和牛奶，把柳丁汁和牛奶當水喝。

博士讓這個孩子住院，並讓他斷食，數天後，他的異常行為便逐漸消失，情緒也穩定了下來。

然而，當這個孩子吃了六個柳丁後，又出現了異常行為，博士因而發現柳丁就是造成這個少年大腦過敏的原因。當他在飲食生活中排除了會引起過敏的食物後，情況就完全改善了。

賀佛爾（Abram Hoffer）博士是分子矯正醫學創始人之一，他證實，在被認為是精神病患的人中，有許多人其實是大腦過敏的患者，而其中有百分之七十五的病患是對牛奶過敏（**分子矯正醫學是建立在新的營養觀上的思維方式，顛覆了傳統的營養觀，反對**

將蛋白質、脂肪和碳水化合物視為三大營養素的舊有營養觀，認為應該要重視礦物質和維生素等分子營養素）。

藍道夫博士也指出，每三天會吃一次的某種食物極有可能就是造成大腦過敏的原因，這也成為目前尋找造成大腦過敏的食物時一個重要指標。

另外，希望各位可以事先瞭解到，有人認為自來水也會引起大腦過敏。

8 重金屬危害與礦物質失調

重金屬危害是影響兒童腦部發育的第四大原因。重金屬指的是鉛、水銀、鎘和鋁等金屬。

在分析智能障礙兒的毛髮後發現，他們頭髮中的鉛、水銀等有害金屬的含量很高。而在母親胎內，鉛含量越高的孩子，在學校的成績也越差，這在美國似乎可說是常識。鉛中毒的孩子雖然在語言表達能力上和一般兒童無異，但記憶力等其他腦力方面的發展卻十分低落。也有學者認為，鉛中毒的程度越嚴重，智能的發育會越遲緩，同時也會造成嚴重的視神經萎縮及痙攣。

原因就在於包覆著胎兒成長的羊水中礦物質失衡。孕婦喝自來水，以及攝取百分之九十九高純度的鈉鹽而不是天然鹽時，會使羊水中的礦物質失調，影響胎兒的成長環境。

羊水中的礦物質成分原本和海水幾乎相同，只要在日常飲食中攝取天然鹽，就不必擔心礦物質失調。但如果攝取精製鹽，就會發生異常。

鹿兒島縣西醫院的西正次醫師認為，攝取精製鹽會使羊水發生改變，胎兒雖然在兩個月以前會順利成長，但之後就很難長大，進而發生流產。

這就是我為什麼一再強調，現在日本許多孕婦常會發生的先兆性流產問題，原因出在自來水和食鹽。

自來水通常都是經由鉛管流入家庭，即使在水質檢查時合格，仍可能殘留有鉛，因而會對人體造成危害。

9 懷孕期間的注意事項

我們在前面已經說過，孕婦所攝取的食物可以保護胎兒大腦，但也可能對胎兒大腦造成不良影響，因此在懷孕期間必須注意每天的飲食，努力攝取有益胎兒的食品。前面提到，西醫院的西正次醫師建議孕婦可以多攝取「壽元」。他二十年來見過六百位壽元寶寶，所有寶寶都很健康。

「壽元」是一種以大豆為主要成分的食品。西正次醫師建議可以用以下的方式使用壽元。

把壽元沾在嬰兒嘴巴上，就連剛出生第二天的嬰兒也可以吃。用紗布包住「壽元」擦拭寶寶的屁股，可以消除輕度的尿布疹。當發生黏膜性疾病或口內炎，可以將「壽元」放到寶寶嘴裡，讓他含一段時間，通常兩、三天就可以改善。將「壽元」粉敷在燙傷傷口上，用繃帶包起後，一星期以內，燙傷就可以復原，而且不會留下疤痕。

此外，懷孕期間的母親還要注意以下十點事項：

①孕婦要保持心情平靜，並注重和腹中寶寶的心靈溝通

孕婦如果經常焦慮，連帶會使腹中的寶寶情緒不穩定。胎兒隨時都能感受到母親的心情，當寶寶感受到母親抱有不安、不滿、憤怒、悲傷或寂寞等負面情緒或情緒低落，出生後，就會受到一種難言的不安所苦，變成一個愛哭的孩子。

相反的，如果母親隨時保持情緒穩定，經常充滿母愛地對寶寶說話，寶寶在出生後，就會情緒穩定，經常面帶笑容，很少哭鬧。

在荷蘭的精神科醫師李德爾德．培爾波特所提出的公式中，有一項被稱之為胎兒的

自我形成公式：

「母親如果放棄對胎兒提供愛或精神上的支持，胎兒會因為失去母愛而陷入憂鬱狀態，變成一個冷淡、無動於衷的新生兒。即使十六歲後，也會留下精神不集中、散漫等後遺症。」

萊斯特．W．桑塔格在《胎兒的行為和環境對成人人格的影響》這本著作中談到，母親孕期的心情會影響胎兒的一生。

②每天滿懷母愛地對胎兒說話

得知自己懷孕後，就要相信胎兒可以聽得懂母親說話，盡可能多對寶寶說話。有些媽媽會覺得自己不擅言詞，不知道該些說什麼才好。其實，只要把自己目前看到的東西或是正在做的事情告訴寶寶就好了。

這樣一來，就不怕找不到話題。因為，媽媽一定會看到一些東西，也一定會做些什麼事。

③注意水、鹽和電磁波

絕對不能喝自來水。自來水會變成危險的水，容易造成流產，或是生下畸形兒。最好喝經過淨水器過濾的水。

食用的鹽，要避免使用精製鹽（化學鹽），一定要用天然鹽。

要特別注意電視、電熱毯等電器發出的電磁波。有害電磁波會影響間腦等腦細胞的功能，影響免疫系統、自律神經系統和內分泌系統的功能，並引起腦部障礙。

④戒酒、戒菸

孕婦喝酒、抽菸會對孩子產生不良影響，若得知自己懷孕，一定要馬上戒除。

⑤避免攝取過量食品添加物和砂糖

加工食品中含有許多危險的成分，會影響胎兒的成長。應該積極攝取自然食品，避免攝取使用含農藥的食品。

大家比較不會注意到砂糖的危險性，但其實砂糖也會影響大腦的功能，所以要避免攝取過量。

⑥保護物質可以保護胎兒的大腦

有些營養食品能夠幫助維持大腦機能正常，孕婦可以攝取這些食品，以保護胎兒的大腦。特別是以下幾種食品更要積極攝取。

- 卵磷脂
- 滋養鐵

・壽元

⑦每天進行想像訓練

在第4章〈懷孕期間的想像訓練〉中有詳細介紹，可以多加參考。

⑧聽優美的音樂

從前，人們就知道優美的音樂有益胎教，但不需要聽很多不同的曲目，最好經常聽相同的樂曲，或者可以選擇一些名家的作品放給寶寶聽。

像是莫札特、韋瓦第、巴哈的音樂都很

理想。另外也推薦

- 莫札特的〈G大調弦樂小夜曲〉（又稱〈第13號小夜曲〉，Eine Kleine Nachitmusik）
- 韋瓦第的〈四季〉（Le quattro stagioni）
- 巴哈的〈G弦之歌〉（Air on the G string）

⑨多活動身體

如果懷孕期間每天無所事事，整天躺著睡覺，寶寶出生後也很可能會像媽媽一樣，每天睡覺，對任何事都興趣缺缺。如果媽媽能多活動身體，以後也會生出一個活潑好動的孩子。因為寶寶在媽媽肚子裡時就已經開始模仿媽媽了。

事實上，有一位媽媽是天才女騎師，即使在懷孕期間也經常騎馬，結果她的孩子也成了一個天才騎師。

⑩不要拚命灌輸知識

腹中的寶寶具有學習能力，但如果一整天都無止盡地對寶寶說話，想要讓他多學點知識，會讓寶寶覺得很厭煩，把自己的心封閉起來，什麼都不想學。腹中的寶寶也需要有安靜休息的時間。不妨問腹中的寶寶：「要不要我讀故事書給你聽？」如果寶寶踢肚子示意，再讀給他聽也可以。

CHAPTER 3

大腦的營養——卵磷脂

1 卵磷脂是胎兒不可或缺的營養

大家都知道，對人體來說，蛋白質、脂質（脂肪）和醣類（碳水化合物）是三大重要的營養素。

其中，脂質分為良性脂質和惡性脂質兩大類。若攝取過量惡性脂質，血液會變得混濁，對健康產生不良影響。

卵磷脂是一種屬於磷脂類的良性脂質，存在於構成人體的所有細胞細胞膜中。如果缺乏卵磷脂，人類就無法生存。

人類的生命始於父親的精子和母親的卵子，這些基本細胞是生命的最小單位。從此階段起，人類就已經需要卵磷脂，並受到卵磷脂的保護。精子和卵子十分脆弱，如果沒有受到充分的保護，就會失去活力，甚至死亡。卵磷脂即擁有將精子和卵子包起來，加以保護的功能。

卵磷脂在胎兒細胞的成長發育過程中是不可或缺的要素，是製造細胞時的必要條件，細胞和卵磷脂可說是一心同體。

胎兒生活的羊水和胎盤中也都有卵磷脂。如果羊水和胎盤中沒有充分的卵磷脂，胎兒就無法順利發育成長，因為卵磷脂會影響胎兒的呼吸和營養吸收。

胎兒能夠在體內以良好的狀態呼吸，吸收營養，將廢物和有害物質排出體外，都是靠羊水和胎盤發揮作用。

一般而言，早產兒體內的卵磷脂量通常比較少，也容易發生呼吸困難的情況。早產兒多患有呼吸窘迫症候群（RDS）而無法順利呼吸，這也是因為早產兒的肺部中卵磷脂含量不足所引起。

羊水中含有的卵磷脂量不足時，會造成新生兒呼吸困難，陷入極度危險的狀態。相反地，如果羊水中有豐富的卵磷脂，新生兒肺中的卵磷脂也會比較多。

卵磷脂可以將氧氣溶化在血液中，將胎兒出生時所需的大量酵素運送至大腦，避免新生兒發生危險。

因此，孕婦要比一般人攝取更多的卵磷脂。

卵磷脂中含有豐富的維生素F、K和Q。這些都是血小板需要的凝血因子，可以用來治療血流不止的血友病和血小板減少症，縮短出血時間，抑制症狀進一步惡化，促進病情的好轉。

最近，醫學界認為，新生兒的死亡和維生素K不足有很大的關係，而卵磷脂中就含有維生素K。

一九七二年，英國著名的醫學雜誌《The Lancet》中，發表了威爾斯國立醫科大學的S．G．巴格瓦納尼博士及其醫療團隊的研究結果：新生兒的肺部只有極少量的卵磷脂時，就會造成呼吸困難，存活率也比較小。

巴格瓦納尼博士介紹了從母親體內抽出一滴羊水檢查卵磷脂含量的方法，這種方法在解決新生兒呼吸困難一事上，發揮了劃時代的作用。

2 卵磷脂是大腦的養分

卵磷脂是胎兒形成腦細胞時不可或缺的營養。當胎盤的氧氣不足，會破壞胎兒的大腦。換句話說，如果母體所獲得的營養不佳，胎兒的大腦就無法健康成長。當羊水和胎盤裡有足夠的卵磷脂，胎兒的腦細胞就能充分發育，而卵磷脂即是製造胎兒腦細胞時最為重要的養分。

人類的內臟中含有大量卵磷脂，其中，大腦和肝臟中的卵磷脂含量特別豐富。形成大腦的物質中，有百分之三十是卵磷脂。

但是，如果攝取大量惡性脂肪代替良性脂肪卵磷脂時，這些惡性脂肪就會進入胎兒的大腦，並由這些劣質的材料組成胎兒的每一個腦細胞。

東北大學農學院的金田尚志教授將老鼠分成兩組做實驗，一組只餵以鯨魚的脂肪

（惡性脂肪），另一組則同時餵以卵磷脂。

結果，只餵鯨魚脂肪的老鼠的毛都豎了起來，變得毛躁不順，眼神也變得呆滯，走起路來搖搖晃晃，陷入了極度的貧血中，健康也疾速衰退，還罹患了皮膚脂漏症，脂肪從全身的毛孔流了出來，渾身黏答答的，大約過了十天左右，那一組的所有老鼠就全都死了。

但同時餵以卵磷脂的老鼠卻都很健康地活了下來。可見卵磷脂有多麼驚人的效果。卵磷脂在胎兒大腦的發育過程中，也發揮著相同的作用。如果孕婦以為牛奶是良性脂肪的來源，就每天拚命地喝下五瓶、十瓶牛奶，這樣一來，胎兒的大腦中就會充滿惡性脂肪。

牛奶絕對不是良性脂肪，牛奶中不僅沒有足夠的卵磷脂提供胎兒大腦的需求，而且也無法提供胎兒頭腦發育所需的另一種重要胺基酸、牛磺酸和γ-亞麻油酸，同時還會影響鐵離子和銅離子的攝取。

某項實驗報告顯示，牛奶會使體液中負責接受鐵離子的過氧化氫酶的活性衰退，使呼吸代謝必需的細胞色素 c 氧化酶（Cytochrome c oxidase）減少，影響細胞的功能。

卵磷脂具有相當優秀的代謝機能，只要同時攝取卵磷脂，就能分解惡性脂肪，並排出細胞外，因此，在攝取鯨魚脂肪（惡性脂肪）時，同時攝取卵磷脂的那一組老鼠仍然可以健康地活下來。

孕婦除了牛奶，孕婦也要攝取卵磷脂，這樣就可以避免胎兒受到牛奶的危害。

3 卵磷脂可以促進母子健康

胎兒的大腦從懷孕三個月到出生後六個月這段期間會疾速發育成長。營養學家弗里希認為：「懷孕三個月至出生後六個月時，若營養不足，有可能會造成孩子在智能發展上出現無法挽回的障礙。」這裡所說的營養不足其實指的就是卵磷脂不足。

媽媽們千萬不能將牛奶當作是一種完美的營養食品，反而應該認識到牛奶是一種帶有惡性脂肪的危險食品。

卵磷脂才是大腦所需的養分，在胎兒大腦發育的早期發育期，必須攝取充足的良性脂肪（卵磷脂），如果母親能在此時期攝取足量的卵磷脂，就能夠培育出身心健康的寶寶。

現在，約有百分之二十～三十的孕婦有心臟或是腎臟方面的疾病，孕婦本身就很不健康。而胎兒的健康和孕婦的健康成正比，因此，想要生兒育女的女性必須在懷孕前就攝取足量的卵磷脂，以維持身體健康。

現在已有許多實例證明，如果在懷孕前就攝取充足的卵磷脂，母親和寶寶就都能獲得健康。

卵磷脂還能製造新生兒的腦細胞。由於新生兒的大腦在出生後仍然持續發展，因此，在孩子出生後也要充分攝取有助於製造腦細胞的卵磷脂。

懷孕三個月至出生後六個月的第一次快速成長期、一歲三個月以前的第二次快速成長期和六歲以前的第三次快速成長期是孩子腦細胞急速增加的時期，在這些時期內，一定要為大腦補充足夠的營養。

4 卵磷脂的功能

攝取卵磷脂可以增加血液中的膽鹼，並長時間維持這樣的狀態。膽鹼和血液中的乙醯基結合後，大腦中的的乙醯膽鹼就會增加。

乙醯膽鹼是活化大腦的關鍵，大腦內有一百四十億個細胞，而乙醯膽鹼可以將這些細胞連結起來，發揮其應有的功能。

當乙醯膽鹼減少，大腦功能就會衰退，記憶力也會變差。

卵磷脂可以迅速將腦內的代謝廢物和有毒物質排出，取代惡性脂肪，有助於快速改善大腦狀態。

美國馬里蘭州的國立精神健康協會會長克里斯汀．里奇博士認為，讓孩子攝取卵磷脂，可以使其ＩＱ增加百分之二十至二十五。

在神津健一先生的著作《健腦食品「卵磷脂」可以驚人地提升ＩＱ！》（頭脳食品「レシチン」—驚異のＩＱアップ！）中，介紹了住在神津先生家附近的兩個就讀美國學校、有智能障礙的孩子，他們在每天食用卵磷脂後，課業成績變得在班上名列前茅，如今，他們的ＩＱ變得非常高，並在校長的推薦下，將在新學期轉去離家很遠、只有高ＩＱ的學生才能就讀的磁鐵學校（Magnet school）讀書。

要使孩子的大腦維持在理想的營養狀態，並使孩子變得更聰明，就一定要每餐都讓孩子吃一小匙卵磷脂。不要一味地想著要促進孩子接收知識的大腦功能，反而必須瞭解到，光是給予他們知識的教育無法充分開發孩子的腦力。

CHAPTER 4

懷胎十月

1 托馬迪斯的發現

法國的心理語言學家艾爾弗雷德．托馬迪斯（Alfred Tomatis）有天做了個實驗，他把一種很會啼叫的鳥的蛋，在產下後馬上帶離母鳥，交給另一種不太叫的鳥孵育。

結果，孵育出來的小鳥一輩子都沒有啼叫過。托馬迪斯認為，其原因應該和小鳥尚未破殼而出的時期有密切關係。於是他領悟到，動物在胎內時的學習和記憶，對出生以後是否能夠發揮其原有的機能有著極大的影響。因此，他又開始另一項實驗，去瞭解胎兒是怎麼聆聽母親聲音的。

他發現，浸在羊水中的胎兒，耳中所聽到的母親的聲音，就像是海豚發出的那種奇妙的高音。

這種極高的音是八千赫茲（Hz）的聲音，於是，他思考著：讓出生後的孩子聽這種聲音，不知道會有怎樣的結果？第一位聽見這種經水過濾的聲音的，是一位十四歲的自閉症少年。

托馬迪斯隔水錄下了少年母親的聲音，並播放給少年聽。結果，這位少年突然站了起來，關上牆壁上的燈，走到他母親身旁，一邊吸著大拇指，一邊靠在母親身旁，像個胎兒般蜷縮起來。

托馬迪斯繼續讓這位少年聽過濾後的聲音，最後，把尖銳的聲音改成了他母親原來的聲音。

結果，以前一直都不說話的少年就像十個月大的嬰兒般，開始說一些簡單的字彙。這位少年便從此康復了。

托馬迪斯認為：「母親的聲音經由水過濾後，可以讓我們回想起經由羊水所聽見的聲音。這是人類和母親最原始的關係，是母子同心的感覺，也是喚醒了我們和宇宙是一體的感覺。」

他認為，經過過濾後的聲音中的高周波音具有治療的效力，於是他開發了一部精巧的機械，可以通過過濾器來聽人的聲音，重現了人在出生前聽聞聲音的方式。

這種方法治好了許多有學習障礙、失語症和自閉症的孩子。持續聽這種聲音，可以大幅改善孩子們的聽力和理解力，也能夠讓孩子獲得絕佳的專注力。

孩子可以更清楚地分辨聲音的訊息，也更容易理解周圍的世界。以前需要幾年才能學會的東西，現在可以在三十分鐘內就學會。

托馬迪斯發現了過濾音就是學習語言的基礎。

2 對胎兒說的話

《胎兒會說話》（*Voices from the womb*）的作者麥克・加百列（Michael Gabriel）在書的開頭就提到，人類的意識是很偉大的東西，已經超越了五感和大腦的機能，也說明懷孕才一個月的胎兒，就已經有意識活動。他還談到，人類的孤獨感和疏遠感並不是在出生後才產生，而是在懷孕初期培養出來的。

胎兒不僅可以在胎內學習音樂和語言，還可以學習運動。美國女騎師茱莉・克隆（**Julie Krone**）的母親在懷茱莉時，仍然持續參加騎馬比賽，所以茱莉在出生前就已經在學騎馬了。

由此不難推斷，胎兒不僅可以在胎內學習音樂、語言和運動，也會學習到母親的思考和感情。

若母親在懷孕期間壓力很大，胎兒也會在無意識中留下很深的壓力記憶。

這種記憶比一般記憶具有更大的影響力，會不斷對潛意識發揮作用。瞭解這一點後，就不能不重新思考胎內教育的必要性。

那麼，母親到底該向胎兒說些什麼呢？

首先，可以為胎兒取一個名字，經常充滿母愛地呼喚他。然後告訴他，爸爸、媽媽都很愛他，很期待他的到來。

除此之外，還可以告訴他，他長大後會是個健康、體貼、善解人意的聰明孩子。接下來，也可以說說媽媽的希望。例如，長大之後，希望他可以成為一名優秀的畫家、音樂家或是運動選手等等。

當然，還要為孩子打造一個理想的環境。想要孩子以後當畫家，就要在懷孕期間多欣賞漂亮的畫作，或是親自畫畫，經常造訪美術館……。

對胎兒說話時，可以告訴他一天發生的事、媽媽現在在做的事和看到的事。

爸爸或是家裡的哥哥、姊姊也可以充滿愛心地對胎兒說說話；或是讀繪本給他聽，用想像把圖卡或數點卡的影像傳送給寶寶；或是讓寶寶聽優美的音樂。

懷孕期間，媽媽可以多活動身體，做做孕婦操、冥想，或利用想像和胎兒對話。

當母親把自己的愛告訴寶寶，在說話的同時利用想像傳遞訊息，胎兒就會接受到母親的想像，並且在胎內看到。

3 懷孕期間的想像訓練

母親的精神狀態對胎內寶寶的影響甚為重大，且母子間也有著神秘的聯結。所以我們應該要知道，母親的精神狀態、生活方式和思考方式都會對腹中的胎兒產生影響。

也因此，孕婦可以進行冥想或想像訓練，使心情保持平靜。冥想可以緩和孕婦的精神狀態，使寶寶在胎內時就成長為一個個性溫和、乖巧的孩子。

最好每天早晚都能冥想十五分鐘。一邊想像著腹中的寶寶，一邊對寶寶說話。

在做冥想和想像訓練時，可以保持輕鬆的坐姿，挺直背部，手心向上放在膝蓋上，微微挺胸，臉部稍稍向上抬起。

閉上眼睛，先將意識集中在頭頂，接著放鬆頭頂、腦部和眉頭，想像隨著自己的吐氣，緊張感也隨之散去。

然後，想像太陽穴、眼睛周圍、眼睛深處、鼻子和鼻子深處的緊張感也慢慢消散。接著，再想像嘴巴周圍、嘴巴深處和下巴的緊張都放鬆了。

接下來，慢慢吐氣，持續想像：「我現在覺得很舒服、很放鬆。這種放鬆的感覺真好。當我保持平靜，可以看到紫色的門，這扇門一打開，就可以看到腹中的寶寶。」

每天持續在早晚心情平靜的時候進行冥想，每次十~十五分鐘。一開始，即使在冥想時無法順利看見想像的內容，也不必急躁。

此時不妨想像可以看到寶寶的樣子，呼喚寶寶的名字並對他說：「寶寶，媽媽好愛你，你要健康長大喲……」並告訴他，他即將誕生在一個很快樂、很有趣的地方。同時，還可以告訴寶寶：「出生時，要安心地、靠自己的力量順利生出來喔。要把頭轉向右邊，先讓頭出來喲……」

冥想具有以下的效果——

①可以使寶寶心情平靜，健康地出生。
②使母親自己的情緒保持穩定。
③促進血液循環，有助於順利分娩。

孕婦A女士每天都做冥想、想像訓練，有一天，她參加了某個被認為很難一次過關的考試。考試時，她有了很不可思議的體驗。當A女士寫錯答案，腹中的寶寶就會猛踢肚子，告訴她寫錯了。因此，A女士一次就通過了考試。

在懷孕時和胎兒進行溝通，可以讓孕婦有意想不到的美好體驗。

4 胎兒是天才

日本醫界的主流至今仍認為：「懷孕期間的胎兒以及剛出生的新生兒，大腦尚未發育完成，記憶功能沒有發揮作用，情緒也處於尚未發育完成的無意識狀態。」但近年來，這個常識已經發生了極大的變革。因為人們逐漸瞭解到，胎兒具有很強的記憶力和自我治癒力。

一九八〇年，加州大學舊金山分校的小兒外科醫師驚訝地發現，即使對胎兒動手術，在胎兒出生後，竟然完全不會留下傷痕。

胎兒擁有最佳的治癒能力。他們不僅具有治癒自己身體缺陷的能力，還可以治好母親的疾病。

因此，不妨事先拜託腹中的寶寶：「出生前，要治好自己身體的缺陷；出生時，一定要靠自己的力量順利出生。」

這樣一來，當寶寶心臟有缺陷，就會自行治癒。如果同時拜託寶寶治好母親身體的不適，寶寶也會盡職地完成。

但要是父母親不瞭解胎兒有這種神奇的力量，就無法激發這種能力。人類只發揮了自己應有能力的百分之三而已，即使百分之百的能力都處於隨時可以使用的狀態，如果不給予適當的刺激，仍然無法運用這些能力。

因此可以試著拜託寶寶：「若是爸爸回來了，要告訴媽媽喔。」這樣，寶寶每天都會在爸爸回來的正確時間內，用踢肚子的方式告訴媽媽。

媽媽也可以在和胎兒一起看繪本時，問他下一頁會出現什麼。寶寶一定會給妳正確的答案。假設繪本的下一頁出現的動物是兔子，不妨這麼問寶寶：「媽媽會問你下一頁是哪一種動物，如果是正確答案，你就踢踢肚子告訴媽媽。」然後再問他：「下一頁是猴子嗎？」「還是兔子？」當出現正確答案，寶寶就會踢肚子告訴媽媽。在看數點卡時，也可以用這種方式問寶寶正確答案。

5 胎兒擁有自己消除障礙的能力？

來自一位母親的信

我要向老師報告我生第二胎時的經驗。

一九九六年五月二日，我去醫院做定期產檢，醫師說我可能罹患了「妊娠毒血症」，於是，我立刻住進了醫院。

住院後，進行了抽血檢查，發現胎盤的功能只有正常的二十分之一，胎兒也很小。於是，我利用在胎教教室課程裡學到的方法，將能量傳給腹中的寶寶。

我想像額頭處有一顆宇宙能量光球，讓它慢慢進入身體的中心，把能量傳遞給寶寶，然後對腹中的寶寶說：「妳一定要健健康康地順利出生喲！」

一星期後，再度複檢時，胎盤的功能雖然仍比正常情況差，但孩子已經長大了很多。連我的主治醫師也很驚訝地說：「胎盤的數值這麼低，還可以在短短一星期裡增加這麼多體重，我還是第一次看到。」

從那天開始，除了原本的想像訓練，我還另外對寶寶說：「要早點生出來喔」。這麼做之後，我在進行那天的想像訓練時看見了寶寶的身影。

雖然後來每次做想像訓練時都可以看到寶寶，但她的表情總是很悲傷。這是因為住院已經快十天了，我很擔心家裡的老大，希望可以早一點把寶寶生下來。

但是，當我這麼告訴腹中的寶寶，她卻露出了悲傷的表情，我就覺得一定有什麼問題。後來，在做想像訓練時，我就以持續傳遞能量為重點，只拜託她：「妳出生時，一定要健康喲！」

住院十天後，原本一天只檢查寶寶的心跳兩次，但逐漸變成了三次、四次，後來，就連半夜也要測量寶寶的心跳。

我很納悶，心想「一定有什麼問題」，結果，五月十四日早晨，原本應該在公司上班的外子竟然出現在病房，說是主治醫師叫他來的。

主治醫師說：「從兩、三天前起，每次發生輕微陣痛時，胎兒的心跳數就會異常下降，胎兒可能有心臟方面的缺陷。正常分娩很危險，最好盡快動手術。」隨即就安排好了要動手術。

結果，我剖腹產下了孩子。

我醒來後，看了外子拍的錄影帶時，發現寶寶竟和我在做想像訓練時看到的一模一樣。原本醫師說，等孩子一出生，就要送到加護病房，但後來卻睡在一般的育嬰房，而且，不止心臟，身體的其他部分也沒有任何異常。

手術後，我還必須打點滴而無法下床，主治醫師來巡房時說：「雖然胎盤的面積和一般人差不多，但厚度和重量只有別人的六成，臍帶很細，而且羊水還很混濁，這可能是我看過最差的子宮環境，但沒想到孩子這麼健康，真是奇蹟啊！」

我和外子都認為，這是因為我在想像訓練中傳遞的能量發揮了作用，才能生出這麼健康的孩子。那時候，外子也和我一起傳遞了能量。

現在，我的小女兒已經九個月大了。雖然因為家裡還有大女兒，無法和她有充分的互動，但我覺得，自己在內心深處和她有著緊密相連的安心感，所以可以好好去養育這個孩子。或許是因為她感受到了我的這份感情，所以，無論帶她去哪裡，大家都稱讚她很乖巧。

在今後的育兒過程中，我也希望可以繼續借助七田老師各種心靈教育課程的力量。

CHAPTER 5

新的分娩法

1 思考分娩方法

分娩是影響孩子一生的重要因素。日本目前的分娩方法可以說是一種暴力的分娩法，並沒有顧及到胎兒和新生兒的能力和心理狀態。

立刻剪斷臍帶，會使嬰兒處於缺氧狀態；拎著嬰兒的腿拍打屁股、強迫嬰兒呼吸的分娩法簡直是在威脅嬰兒的生命，但我們卻滿不在乎地任它持續下去。

孩子在誕生時，性命就受到如此大的威脅，不僅會造成他們心理上的傷害，還會對腦部造成損害，進而造成精神異常和反社會的行為。

薩諾夫．梅德尼克（Sarnoff A. Mednick）博士在研究過二十位精神病患後發現，其中有百分之七十的人在胎內時期或是誕生時曾經遭遇到問題。

梅德尼克博士又針對曾犯下暴力犯罪的男性進行調查，結果發現，在十六個人中，有十五個人曾經歷過極大程度的難產。

目前認為，十幾歲年輕人的自殺案例，通常與出生前的各種障礙有很大的關係。

詹姆斯・普雷斯科特則認為，目前社會上嬰幼兒遭殺害或虐待幼兒的案件大增，和目前這種缺乏感情的分娩方式，以及母子間缺乏情感交流有密切關係。到底為什麼要採取這種粗暴的分娩法？

因為人們還沒有擺脫「剛出生的嬰兒，無論是感覺、感情還是智能都尚未發育完成，要到三個月以後，才會有意識和感情」的想法，也還不瞭解嬰兒擁有的能力和他們的心理活動。

不妨讓我們將眼光放在新的分娩方式上吧！我們可以在胎兒時期就多和寶寶進行心靈交流，告訴寶寶：「出生時，一定要靠自己的力量順利生下來。」

嬰兒本來就具備了自行降臨人世的意志和能力，當媽媽對他說：「你要靠自己的力量順利出生」，就可以激發他的力量，讓寶寶發揮意志，順利降臨人世。

那時候，寶寶一定可以毫不費力地就生下來，讓母子都毫無痛苦地經歷一場愉快的分娩。請一定要記住這種分娩法。

2 分娩後要立刻採取母嬰同室

日本目前的分娩法在寶寶出生以後的處理方式上，也有著很大的問題。新生兒在醫院誕生後，不會立刻讓母親抱在懷裡，而是被帶到育嬰房，而且一開始餵的也不是母乳，而是配方奶。

這種模式剝奪了嬰兒與母親之間進行肌膚接觸的機會，會影響嬰兒的發育。嬰兒和母親之間的身體接觸，以及與母親的合一性，最能夠促進智能的發展。目前分娩法最大的錯誤，就是認為新生兒不需要母親。醫院為了能夠確實進行新生兒的健康管理，都會將寶寶送進育嬰房。

當新生兒缺少和母親之間的身體接觸，很容易會變得自閉，甚至可能導致智力發育遲緩。

只有在嬰兒誕生後，與母親有密切的肌膚接觸，體會到和母親依偎的感覺，之後才能夠順利發育成長，並使孩子的智力和語言能力都順利發展。

大腦中的間腦可以控制嬰兒的正常發育。間腦包含下視丘，可以調整自律神經。腦下垂體則位於下視丘的下方，負責調整荷爾蒙的分泌。

嬰兒出生後，立刻被母親抱在懷裡，接受皮膚的刺激，這種刺激就會傳到間腦，使作為大腦中樞及控制塔的間腦發揮正常功能。

如果缺乏皮膚的刺激，大腦中樞就無法發揮正常功能，自律神經和荷爾蒙分泌也會跟著失調，使嬰兒無法正常發育。

烏干達的母親在生下寶寶後，會不停為他們按摩。因此，烏干達的孩子發育十分良好，在滿六～七週後，許多孩子就已經學會爬行。

把玩具拿給六～七個月的孩子看，然後藏在房間另一端的玩具箱裡時，烏干達的孩子能夠跑著去把玩具拿出來。但在已開發國家，通常十五～十八個月大的孩子才能做到這一點。

這就意味著，若嬰兒缺少皮膚的刺激，會影響智能的發育。皮膚的刺激可以成為大腦的養分。

巴頓·懷特發現，頭腦特別聰明的孩子通常和母親的關係都很理想。懷特認為，每三十個孩子中，才會有一個這麼聰明的孩子。

這些孩子都和母親心靈相通，母子之間的心電感應特別強烈，孩子的原始知覺——ESP（超能力）能力也特別高。

3 皮膚感覺可以促進孩子的成長

五感的刺激是兒童成長發育過程中不可或缺的，而其中又屬皮膚感覺最為重要。但有許多母親都不瞭解這一點，因此往往覺得育兒是件難事。

皮膚是人類最初的傳遞媒介，皮膚感覺則是所有感覺的基礎，而且是從胎兒期就已經開始發育。

其他的動物也一樣，皮膚感覺是在胎兒期時最早發育完成的。其他動物在小動物出生後，就會拚命舔舐。為了使剛出生的動物能夠存活，就必須不停舔舐。

對皮膚的適當刺激是促進身體器官及行為發育所不可或缺的，人類的嬰兒也一樣。

然而，皮膚刺激對人類發育所發揮的作用並沒有獲得適當的評價。如果沒有給予新生兒充分的刺激，甚至可能會引起發育不全和異常。

皮膚接觸可以促進孩子心靈的發育，我希望每位母親都能瞭解這一點。在目前的分娩方式中，剛出生的嬰兒會被帶離母親身邊，放進育嬰室。

人類雖然不會像動物一樣舔嬰兒，但可以讓母親抱著嬰兒，溫柔地為嬰兒按摩。同時，讓嬰兒吸吮母親的乳頭，對嬰兒的健康成長也至關重要。

這裡並不是要談經由母乳攝取的各種物質在免疫學或營養學方面的功能，雖然這也十分重要，但更重要的是，當母親抱著嬰兒，可以促進新生兒心理的正常發育。當嬰兒吸吮母親的乳頭，對母親的皮膚刺激會變成一種神經衝動，並經由神經系統傳達到腦下垂體。

於是，腦下垂體就會分泌出名為催產素和催乳素的荷爾蒙，使母乳的分泌變得旺盛。不僅如此，母親在荷爾蒙的作用下，會覺得自己懷裡的孩子好可愛、令人感到無限的疼惜。

嬰兒剛出生時，如果母親沒有立刻把嬰兒抱在懷裡，可能導致無法充分培養出對孩子的憐愛之情。

於是，日後也會變得很少抱孩子，很少對孩子說話，也很少愛撫孩子。結果，就會影響孩子的健康成長。

當皮膚受到的刺激不足，就會產生異常。新生兒在接受母親的愛撫時，會感受到相當舒適的皮膚刺激，這種皮膚刺激會傳遞到神經系統，進而傳遞到腦下垂體，促進正常的荷爾蒙分泌。為了使嬰兒正常發育，荷爾蒙的正常分泌和自律神經的正常發育都是絕對必要的。

只要正確地刺激皮膚，就可以傳遞到間腦的下視丘和腦下垂體，當兩者發揮正常功能，就可以確保嬰兒的正常發育。

皮膚感覺可以促進大腦發育正常，進而促進大腦中樞的功能正常。

當缺乏皮膚刺激，嬰兒就會缺乏心靈成長必須的營養，所有感覺都會產生異常。當皮膚刺激不足導致大腦中樞的功能受到破壞，也會影響其他感覺的發育。

於是，孩子就有可能出現自閉症

的傾向，或是五感異常。

若皮膚缺乏刺激，容易變成過敏體質，無法承受些微的刺激。會變成一個不喜歡黏膠沾到手、不喜歡玩沙子、怕泥巴沾到身上的孩子。對聲音也會變得很敏感，只要一聽到較大的聲音，就會開始哭鬧，經常用手捂住耳朵，怕聲音傳入耳朵。

同時，孩子視覺也會發生異常，無法和媽媽四目相對，或是無法近距離對焦，變成遠視。這樣會影響課業，無法記住文字，閱讀也變成了一項困難的任務。

因此，如果嬰兒時期的皮膚感覺不足，會對所有成長和發育帶來負面影響。

4 動物寶寶的皮膚如果沒有受到刺激就會死亡

刺激皮膚可以促進全身各個器官組織的功能發育。剛出生時，如果缺乏足夠的觸覺經驗，會造成各種異常，甚至可能導致死亡。無論是剛出生的動物還是人類的嬰兒都是這樣。

A．蒙塔古（Ashley Montagu）所撰寫的《Touching：親子間的接觸》（*Touching: the human significance of the skin*）中，談到了以下的事例：

康乃爾大學行為農業研究室（Cornell behavior farm）的研究人員發現，如果剛出生的小羊完全沒有被母羊舔舐，就無法站起來，之後大部分都會死亡。

小白鼠、家鼠、兔子等其他在初期需要依靠母親才能獲得營養的哺乳類，如果在出生後沒有被母親舔舐，就無法生存。

某個動物研究所的研究人員們說，以前大家都認為母性動物舔小動物的生殖器官附近是為了清潔，但事實並非如此。如果母性動物不舔小動物，小動物的身體器官和行為就無法充分發育，甚至可能會導致死亡。因此，後來研究人員養育剛出生的小動物時，就會用小塊棉花撫摸牠們的生殖器。

這些動物學家們認為：「我們對皮膚刺激瞭解的越多，越能明白這對個體的健康發育有多麼重大的意義。」

這項理論也適用於人類的嬰兒。十九世紀時，不滿一歲就死亡的兒童，有半數以上是死於一種名為消瘦症（Marasmus，在希臘語中代表「衰弱」的意思）的疾病。據說，在二十世紀初美國的各種育幼院設施中，未滿一歲兒童的死亡率幾乎達到百分之百，因此，美國才實施了領養制度。

無論讓孩子生活在物質條件多麼優渥的環境下，如果缺乏母親或是可以代替母親的人的愛撫，嬰兒就有可能全身衰弱，甚至死亡。

有報導顯示，有些兒童病房的護理師每天會將嬰兒抱起來好幾次，並抱著他們四處走動，這些醫院的嬰兒死亡率就從百分之三十～三十五降低為百分之十（紐約菲勒夫醫院一九三八年的報告）。

想要孩子健康成長，就要用手多撫摸他們，抱著他們四處走動，用力抱緊他們、愛撫他們，即使母乳分泌不理想，只要多溫柔地對他們說說話，就可以達到效果。

愛撫嬰兒可以對嬰兒的大腦產生刺激，促進大腦中樞正常發育。一旦缺乏皮膚刺激，就容易導致嬰兒發育異常。

5 用母乳育兒吧

寶寶出生後，要多讓孩子喝母乳。餵母乳期間，母親要少吃肉食，多吃穀類和蔬菜，才能分泌優質的母乳。

喝優質母乳的孩子很少哭鬧。當母乳分泌不佳或是品質不良，孩子很容易在晚上哭鬧。因此，若是孩子晚上哭鬧，可能是母乳的品質有問題，母親最好改善飲食習慣（多吃穀類蔬菜）。

當寶寶晚上哭鬧，先餵他喝母奶。如果仍哭鬧不停，可能是寶寶想要喝水。這時，可以餵他與體溫相近的三十七度白開水（成分為鈣離子水）。先在指尖沾一點點鹽（天然鹽），讓寶寶舔一下之後，再餵他喝白開水。

如果還是哭個不停，可以背著寶寶，唱搖籃曲哄他睡覺。通常，接受過良好胎教的嬰兒心情總是很平穩，平時也會面帶笑容，很少在晚上哭鬧。

如果寶寶晚上哭鬧的原因不是想喝奶，很可能是因為喝了果汁，或是在他的潛意識裡有某些悲傷的回憶。

雖然大家以為小孩子哭是應該的，但這種想法大錯特錯。只要實施胎教，讓寶寶內心感到滿足，他通常就不會胡亂哭鬧，晚上也不會哭。

來自東京I女士的信

一九九二年十月五日，抵達醫院後三十分鐘左右，我在分娩台上只躺了十五分鐘，用力了四次，就超級順利地生下了兒子。我們夫妻的老家都在仙台，但我們從一開始就沒打算要回仙台生，且決定要自己把孩子帶大，所以我很早就開始積極進行胎教和早期教育。

懷孕滿五個月後，聽說胎兒已經能感知外面的世界，所以從那時起，外子每天都會用手摸著我的肚子，對寶寶說話、唱歌給他聽，也告訴他很多以前的事情。

有時外子回家，寶寶會通知我，那時候我才深有體會，「哇，原來他真的知道。」

正像我之前拜託他的，他出生的過程很順利。由於外子陪我進產房，所以孩子生出來後外子立刻對他說：「我是爸爸，爸爸等你好久了。」

這時，兒子突然張開眼睛，笑了一笑後，就安靜地睡著了。當時醫院的醫師和護士們驚訝的樣子，至今仍令我記憶猶新。

之後，兒子很少哭，晚上更是從來沒有哭過，平時心情都很好，大家都很疼愛他。

真的很感謝七田老師的指導，而且孩子的成長過程真的就跟老師說的一模一樣。

（東京都　Y・I）

6 嬰兒潛意識時期的暗示會影響人格形成

人類在胎兒期或是零～二歲的潛意識時期，會在父母的暗示下，逐漸建立起一定模式的行為基準、反應、性格和才華。

尤其是在胎兒期以及一歲前，人們通常認為這時期的孩子什麼都不懂，但此時深入孩子潛意識中的暗示，將對孩子的「人格形成」發揮關鍵性作用。

在此時期進入潛意識中的記憶，會被深深刻劃在記憶的基因（RNA）裡，成為身體記憶的一部分。

胎兒和剛出生的嬰兒，並不像人們以前認為的那樣毫無溝通能力，而是可以感受到父母的想法。

孩子的心靈和性格基礎是在懷孕期間形成的，因此，如果在懷孕期間心靈遭受到創傷，就會對未來造成影響。

在這個時期，親子間是靠著心電感應建立彼此的關係，而心電感應是一種不需要運用到語言的心靈溝通能力。如果能在這個時期建立良好的母子關係，就會為孩子的心靈和性格奠定良好的基礎，之後在育兒上就會非常順利。

相反的，如果這個時期失敗了，就會造成堆積如山的問題，父母會為糾正孩子扭曲的性格而疲於奔命。

B女士為了出生剛滿二週的寶寶整天大哭大鬧、不肯喝母奶的問題傷透了腦筋。雖然當初她很認真地進行了胎教，但寶寶的反應卻很不理想。有一天，她突然想起了寶寶出生時的情況。

B女士夫婦倆原本希望生個女孩，卻事與願違地又生了一個男孩。孩子出生時，夫妻倆曾經有過這樣的對話：「怎麼又是兒子？原本還以為一定會是個女孩呢！」

於是她向兒子道歉，告訴他：「男孩子也很好喔，爸爸和媽媽都很高興生下你。」結果孩子立刻就不哭了，並開始乖乖地喝母奶。

後來，每次爸爸抱他，他都哭得很兇，所以爸爸也向他道了歉。結果，這個孩子也願意乖乖地讓爸爸抱了。

如果這位媽媽一直沒有發現這件事，就會在孩子的心裡留下創傷，讓孩子變得容易受傷、愛哭。

7 給剛出生的寶寶

嬰兒剛出生時，先不要急著剪斷臍帶，就光著身子讓媽媽好好抱一抱他。對新生兒來說，這種肌膚的接觸最為重要。

剛出生時，與母親之間親密的肌膚接觸，可以促進孩子日後的成長。

零歲到一歲期間，以下的「四多」是十分重要的育兒智慧。這「四多」分別是：

①多傾注母（父）愛

②多費點心

③多陪他說話

④多稱讚

有不少孩子在剛出生時還是健康寶寶，卻因為在滿一歲前缺乏這「四多」，變成了有自閉傾向的孩子。而且這種案例現在越來越多，希望各位父母們一定要注意。

父母必須瞭解到，胎兒已經能夠理解父母所說的話，因此，從胎兒時期開始，就要多注重與孩子間的心靈交流，並以滿滿的愛養育孩子，這樣就可以使寶寶在出生後保持情緒穩定，並增強吸收資訊的能力。

父母只要在育兒過程中貫徹這「四多」，一定可以培養出身心健康的孩子。

以下介紹來自胎教教室老師的報告。

——要向您報告本教室的胎教課程。我自己本身也實踐了七田式胎教，並希望分娩時也能夠和胎教一樣選擇最優秀的方法，所以決定選擇主動分娩法（active birth）。

在主動分娩法中，我選擇了可以減少初次生產恐懼和疼痛的「水中分娩法」。因為我希望在分娩時，可以不要受到醫療的控管，能以極其自然、極具自我意志的方式將寶寶生下來。

在現代，要進行這種自然分娩十分困難，有時候，真搞不清楚到底是為了誰在分娩，明明分娩應該以小寶寶為主，卻在不知不覺間變成了配合醫療的方便在生孩子。

日本現有的分娩制度使得母親和孩子難以在剛分娩完時就建立良好的親子關係，彼此無法充分交流愛與信賴，使得嬰兒在人生的起點上就承受了很大的壓力。

我認為，必須靠著每一位母親在瞭解正確的知識後採取毅然的態度，才能改變這種不正確的體制。在今後的時代，我們必須仔細思考分娩方法後，再做出選擇。我們教室的分娩情況曾經在全國電視網上播出。某家民營電視台為了製作以主動分娩法為主題的節目，提出前來採訪的要求，因為我希望能夠藉此機會為全日本婦女提供啟蒙教育，於是答應了該電視台的採訪。節目播出後，似乎獲得了很大的迴響，可見有許多人對目前的分娩方式抱有很大的疑問。

K教室的胎教班在上課時，都會先播放我們學員在分娩時的錄影帶，大部分準媽媽接受了四堂課的教育、瞭解胎教的重要性和方法後，都會希望可以既安心又安全地分娩，因而會開始思考自己想要的分娩方式，尋找分娩的地點。其中，準備生第三胎的F女士想要在自己家裡生產，而且她選擇在自家中的浴缸裡進行水中分娩。

她分娩當天我也在場，她在她先生、女兒和兒子的陪伴下，轉眼間就順利生下了孩子。孩子和家人溫馨的見面後，F女士沒有立刻剪斷臍帶，而是自己抱著孩子從浴室走到床上。分娩時，幾乎沒有出什麼血，嬰兒不僅沒有哭，反而睜大眼睛看著周圍，甚至還可以感覺到他在笑，實在令人印象深刻。

當F女士坐著餵寶寶喝奶，他一下子就吸得很順、很用力，連在一旁協助的助產士們也嚇了一跳。爸爸剪斷臍帶，胎盤自然滑出來時，也幾乎沒有出血，胎盤也很漂亮、很有彈性。事後，我問了F女士，她說她在懷孕期間攝取了充分的卵磷脂和鐵，並表示七田式胎教發揮了很大的作用。

目睹這場順利的分娩後，在回家的路上，我感到內心十分充實。

七田式教育真可說是能夠為二十一世紀培養優秀人才的教育。

然而，介於胎兒教育和幼兒教育之間的重要過程——分娩，卻尚未受到人們的重視。

我認為，向學員傳達正確的分娩知識十分重要，也是我們的使命。為了激發胎兒的優秀能力，我們一定要向更多的媽媽傳達分娩方法的重要性。

K教室　M・I老師

8 胎教可以促進語言能力

接受過胎教的孩子，已經在胎內學習了語言。出生後，立刻就可以說話。

對此，進行過胎內教育的父母經常寫信向我報告類似的情況。

S老師的來信

S老師的孩子接受過胎教，出生後第二天，當醫院的護士叫「S小朋友」，小寶寶竟然做出了回應，讓護士嚇了一大跳。而且在他四個月時，也已經會說由兩個單字所組成的簡單詞彙。

當這個孩子兩歲五個月，S老師寫了以下的這封信給我。

接受過胎教的孩子的語言能力真是令人驚訝。

只要是聽過的話、簡短的句子，他都可以一下就記住。即使是比較長的句子，只要重複兩、三次，他也能記住，而且他還懂得化為自己的語言加以運用。

他不僅對日語很敏感，學習英語時，也有相同的情況。

前幾天，我和寶寶一起洗澡時，他問我：「Do you like 葡萄？」我糾正他是「grapes」，他就立刻改口說：「Do you like grapes？」

他還會一邊拉著浴室裡的把手一邊

說：「猴子，monkey」，一個人玩得不亦樂乎。

我想這應該和七田老師說的「胎內記憶」有很大的關係。

有時候，當我說得和平時不一樣，他就會糾正我：「爸爸，你說錯了喔。」被一個兩歲五個月的孩子糾正，實在是一種很奇怪的感覺，就像是在家裡看到了外星人。

但也因此讓我親身感受到了胎兒教育的重要性，感謝七田老師。

M教室　S．S老師

9 胎教可以培養出記憶力超強的孩子

利用胎教可以培養出記憶力超強的孩子。由於孩子在媽媽肚子裡時，就已經在聽父母說話並進行學習，所以出生之後的學習有時候只是一種復習。孩子在學過一次並記住之後，第二次可能就不會顯示出太大的興趣，這點必須特別注意。

如果不瞭解這一點，可能會誤以為孩子缺乏集中力和理解力，能力不佳，但事情並非如此。

來自某位母親的信

A在去年八月出生，他和姊姊Y的個性很不一樣，經常讓我不知該如何是好。他常常不肯認真地看卡片、同一張卡片不想看兩遍、只看自己喜歡的繪本、對某些繪本根本不屑一顧等等。和每天都要看一千張卡片和讀三十本繪本的姊姊相比，簡直有著天壤之別。

但因為是第二個孩子的關係，我已經比較能夠從容地去面對，也比較能接受兩個孩子不同的個性。

不過他特別喜歡數點卡，十個月時，我先讓他看完所有的卡片，再和他玩「答案是哪一個」的遊戲，玩了十次，他十次都答對了。

他也很喜歡看英文圖卡，我把英文圖卡全部攤開，試著跟他玩抽卡片的遊戲，讓他把正確的卡片拿給我。結果他非常開心，一邊拍手一邊玩，而且拿給我的卡片全都正確。

這時，我才意識到，同時也很感動，原來次數並不重要，因為他在肚子裡的時候已經看過這些卡片，所以早就記住了。

這時，剛好K出版社推出了一種新的卡片，我就買回家，給他看了一次。當我再想拿給他看第二次時，他卻不是很想看，把卡片撒了一地。

我試著叫他拿卡片給我，結果，他竟然已經全記住了，並且還將所有卡片都以正確方式拿給了我。五十張卡片，他只看一次就記住了，然後一張張地抽了出來，和姊姊一起高興地玩起了幫卡片配對的遊戲。

於是，我又買了新的動物圖卡，這次，我直接要他拿正確的卡片給我。雖然在進行胎教時曾經讓他看過動物的繪本，不過自他出生後，一直都在看其他繪本，完全沒有再看過動物的繪本。

但是，在五十張動物圖卡中，他拿對了四十七張，讓我不禁大叫：「為什麼」。雖然我自己當初多少也帶著點期待，但沒想到他竟然真的做到了。胎教的不同，使他和姊姊也有著完全不同的反應。

做父母的如果沒有意識到這個問題，可能會覺得孩子連卡片都不想看，一定是個沒用的孩子。我若是沒注意到，可能就會對A做出一些殘酷的事情來。

在姊姊就讀的英語教室裡，有一個比A大兩個月的孩子，兩人經常有機會玩在一起。他們常在日語中摻雜著英語溝通，而且雙方都能理解對方的意思。

他會自己用手指著英文字母讀出來。在英語學習方面，我並沒有特地教他，只是偶爾會讀貼在牆上的字母表給他聽而已。

他很喜歡看英語繪本，有段時期，他整天都在看英文的卡片、英文繪本、聽英文歌，簡直迷上了英語。

這是否也是因為我在懷他的時候，經常聽英文的關係呢？

在育兒過程中，經常會遇到各種新鮮事，讓人時而驚訝，時而快樂，真的一點都不無聊呢！

閃示卡（card flash）的意義

閃示卡並不是以填鴨的方式向孩子灌輸知識。

閃示卡有以下四個意義：

①活化右腦

左腦是以低速節奏活動的腦，右腦是高速節奏活動的腦。將每張卡片以不到一秒鐘的速度閃現時，左腦就無法因對，只能靠右腦發揮功能，因此有助促進活化右腦。

②可以培養右腦的瞬間記憶力

右腦和左腦不同，可以在瞬間記住所看到的東西。閃示卡能夠幫助開發右腦的瞬間記憶力。

③連接右腦和左腦

右腦是圖像和影像的腦，左腦是語言的腦。在使用閃示卡出示卡片上的圖案（圖像）時，同時也讓孩子聽聞那個詞彙，這樣就可以結合右腦的「影像處理能力」和左腦的「語言理解能力」。

④培養左腦的語言能力

左腦的認知障礙就是無法認知每一件事物，呈現所有事物都混在一起的狀態。藉由閃示卡將事物和其名稱作結合，就可以讓孩子記住事物的名稱，並清楚分辨事物。

閃示卡的練習便具有如上述幾點的重要意義。

CHAPTER 6

胎內記憶

1 什麼是胎內記憶

在一九九六年九月第二百三十二號的《零歲教育》中，談到了胎內記憶的問題。許多媽媽看了這篇報導後，把有關自己孩子胎內記憶的事寫成了信寄來給我。以下就讓我來介紹這些媽媽們的報告吧。

靜岡縣O女士的來信

日前寄來的《零歲教育》中，刊登了與胎內記憶相關的內容，所以我也試著問了兒子R（三歲六個月）有關胎內記憶的事。之前，我曾經問過他好幾次，但他都不太想說，所以我也覺得不需要勉強逼問他。這次，他答應要告訴我，於是，我放著胎教音樂，在昏暗的燈光下聽他說。

結果他說：「媽媽，這個音樂好熟悉喔，這首歌很好聽。可是媽媽一靠近錄音機，聲音就變得好吵喔。」然後，他就回憶起還在胎內時的事。以下，是我依照他說出來的順序排列並整理後的內容。

「我一直在媽媽肚子裡泡澡，我好想再回到媽媽的肚子裡。」

「媽媽和爸爸的聲音都小小聲的。」

「我快要生出來的時候，外婆和爸爸、媽媽都在。」在待產室時，我們三個人的確都在。

「有一個個子小小的護士在叫我的名字。」助產士是一位個子很小的女士，她當時有對他說：「R弟弟，看這裡、這裡喲！」

「我生出來之後有五個人，我肚子好餓，而且醫生沒給我吃藥就走了。不過後來護士阿姨有給我吃甜甜的藥（糖漿）。可是媽媽你們都不在，我好寂寞喔。」當時我、外子、兩位護士和醫師雖都在分娩室裡，但醫師的確是一下子就走了。

「媽媽和爸爸兩個人一起彈鋼琴時，聲音很吵，我嚇了一跳。」在懷孕七個月左右，我和外子合作，四手聯彈理察・克萊德門（Richard Clayderman）的曲子時，寶寶在我肚子裡用力翻了好大一圈。

「在媽媽肚子裡的時間好短。」

「踢媽媽的肚子很好玩。」他好像想起了踢我肚子的事，一邊躺著，一邊還用力踢了一下給我看。

「聽到爸爸說『寶寶真可愛』時，我真的好高興。」

「我生下來時，一點都不會不舒服。打開門後，咕嚕咕嚕就出來了。」我坐在分娩台上，只練習了一次用力，第二次用力時寶寶就很順利地出生了。從我進入分娩室到寶寶出生，只花了短短七分鐘的時間。

「因為很暗，所以開了很多燈。」

「裡面很溫暖。在媽媽的肚子裡好快樂。有一個很大的玩具可以玩，還有一條白白的繩子，我本來以為是烏龍麵，等我生出來的時候，才知道是繩子。這條繩子可以一下子拉得很長，好好玩，我都忍不住笑了出來。我在動的時候，繩子也會跟著我一起動，所以不會擋到我。媽媽的肚子裡好大，可以翻來翻去。」

「媽媽的聲音好大聲，我常常會忍不住笑出來。」

「妳對我說『再一次』，我就再踢了一次，結果聽到了爸爸哈哈大笑的聲音。」

「把我放進箱子裡時，也沒有幫我穿衣服，我好冷。是要把我放進去加熱的嗎？」

寶寶出生第三天時，醫生說他有黃疸，所以把他放在紫外線箱裡照了兩天。

他很詳細地告訴我他記得的事，我聽得津津有味。聽到他說「在肚子裡面很快樂、很溫暖，還想要再回到肚子裡去時」，我好感動。

聽到他這麼高興地談起「往事」，我真的很感動。分娩時很輕鬆，進入分娩室後，只花了七分鐘就順利生下寶寶。或許和我一直做瑜伽多少有點關係，但聽到R的話後，才知道他也有盡一份力。

分娩時，沒流什麼血，他出來的姿勢也很漂亮，只「哇、哇」地哭了兩聲，讓我覺得他應該既不痛苦，也沒有什麼不安。

據他本人的說法，好像也是這麼回事。聽到他說「好像搭電梯一樣，轉啊轉地就轉出來了」時，我不禁哈哈大笑了起來。

那次分娩真的是一次十分令人感動的經驗，我先生也很感動，等過了一天，一切都穩定下來時，我們夫妻倆還一邊聊天一邊感動地流下淚來，而這次，又讓我紅了眼眶。

（靜岡縣　T．O女士）

2 記得在媽媽肚子裡看過的書

大阪府H女士的來信

看著電視上播出的電影最後一幕時，在整幅畫的晴空下，有著富士山的風景。當我告訴女兒：「這是富士山」，女兒突然丟下一句：「我有和那個富士山一樣的書」，然後就跑進房間，把一本厚厚的胎教書搬了出來。

她把傻眼的我晾在一旁，一邊說著：「有啦、一定有」，一邊認真翻起了書，數十秒後，在兩百多頁的書中找出了那一頁，說：「妳看，我就說有吧？」那的確是一張和剛才畫面很像的照片。

女兒一臉心滿意足地開始玩起別的遊戲，但我的腦袋中卻一團混亂。因為我真的很納悶：「為什麼她會知道有這張照片？」

這本書，我只有在懷女兒時看過，幾年前，我把書借給了準備要生孩子的妹妹，而她前幾天才剛還給我。這一天，我才剛把這本書從箱子裡拿出來，準備要讀給正在懷的第二胎聽而已。女兒會知道這張照片，就代表一定是在我肚子裡看到的，想到這裡，我全身不禁起了雞皮疙瘩。

沒想到，經過了四年以後，她仍然清晰地記得胎內的記憶，這的確讓我驚訝萬分。

（大阪府　T・H女士）

胎兒在母體內，可以靠想像看到母親在讀的書。右腦的想像感覺就像是另一對精神上的眼睛，胎兒可以利用右腦看到肉眼無法看見的東西。

3 擁有胎內記憶的孩子們

一定要試著問問自己兩、三歲的孩子有關胎內記憶的事，幾乎所有孩子都擁有胎內記憶，而且也願意告訴我們。

來自教室老師的信

——七田老師，我針對那些對自己出生經過有記憶的孩子做了問卷調查。

令人高興的是，各位媽媽對這次的問卷調查完全沒有排斥感，反而還對孩子們說出「不知道」「忘記了」之類的答案感到有點遺憾。真的相當感謝那些認真回答的家庭，他們也紛紛向我們表示這促進了親子間的感情。

問題一、在媽媽肚子裡是怎樣的感覺？

- 因為我很小，所以覺得裡面很寬敞。有時媽媽喝水時，會一下子淋到我頭上。（S．M　五歲）
- 媽媽肚子裡好多水，我住在水裡。肚子裡好暗。我整天都在睡覺。（K．O　四歲七個月）
- 好亮。但我被繩子拉住了，所以不太能活動。我在肚子裡面玩玩具。（K．K　四歲八個月）
- 裡面很亮。我可以活動手腳，有時候做運動，有時候睡覺。裡面不是很寬敞。我一直可以聽到聲音。我在裡面玩玩具。我可以聽到媽媽的聲音。（R．K　兩歲七個月）
- 裡面都沒有人，我好寂寞。（T．Y　四歲三個月）
- 我一個人好孤獨。都沒有食物，所以我什麼都吃不到。我一直閉著眼睛。我說，我想要快一點生出來。我在媽媽的腰附近。（S．S　四歲）

• 在裡面輕飄飄的，感覺很舒服，一直都是這樣子。我聽到媽媽一直叫爸爸的名字。（H．H　三歲十個月）
• 很好玩。我在裡面縮成一團。我看到有一個小蟲子，好像蛇一樣，扭來扭去的。（A．N　二歲）
• 好像在氣球裡面一樣，我在裡面漂啊漂的。裡面有很多水，是粉紅色的。（H．S　四歲）

問題二、出生時是怎樣的情況？

• 我不知道。（S．M　五歲）
• 就像雞蛋一樣生下來了。（K．O　四歲七個月）
• 我聽到媽媽叫我出來，所以就生出來了。（K．K　四歲八個月）
• 我覺得媽媽好像要我出來，所以我就出來了。（R．K　兩歲七個月）
• 累死我了。（T．Y　四歲三個月）
• 很好玩。我想要趕快包尿布，所以就出來了。（S．S　四歲）

・我是從頭先跑出來的。（H・H　三歲十個月）

・很有趣。我看到了櫻桃。（A・N　兩歲）

・我是用頭啵的一聲鑽出來的。（H・S　四歲）

媽媽們聽到孩子胎內記憶後的感想

・我問他肚子裡有沒有水？會不會冷？他的手腳能不能伸直？問了他很多問題，但他都是憑想像回答，根本亂七八糟。（S・M　五歲孩子的媽媽）

・好幾個月前，兒子就曾經問我：「媽媽，我在妳肚子裡的時候，是不是去過○○公園？」當時我想他不可能記得出生以前的事，所以就沒有理會他。但那段時間，他經常會說：「我在媽媽肚子裡的時候……」，我覺得很無聊，根本懶得聽，也曾經不理他直接改變話題。

這次說要做胎內記憶的問卷調查時，我覺得兒子已經四歲七個月了，所以絕對不可能記得，但我問了他以後，他竟然還記得。我這才相信原來他真的記得，讓我覺得很不可思議，也很感動。（K・O　四歲七個月孩子的媽媽）

• 如果他再小一點，或許會記得更多吧。即使如此，還是讓我覺得很不可思議。

（K．K　四歲八個月孩子的媽媽）

• 我不知道到底哪些才是真的，哪些是假的，有一種奇怪的感覺。（R．K　兩歲七個月孩子的母親）

• 我以前不知道有胎教這回事，所以一想到我讓女兒還在我肚子裡時就感到孤單，覺得心裡好難受。我也沒有看過關於胎內記憶的電視節目，所以根本沒有想過女兒能夠回答這些問題。想到在分娩時，我們的想法竟然相同，就讓我更驚訝了。

（T．Y　四歲三個月孩子的媽媽）

4 小學生的胎內記憶

有些孩子在上了小學之後，仍然保有胎內記憶。

S老師寄來的信

H．S小朋友（六歲）上小學後不久，有一天，他媽媽隨口問起他關於胎內記憶的事。「小H，你還記得在媽媽肚子裡的事嗎？」結果H很理所當然地點了點頭，說了聲「嗯」。

那時候，H和媽媽都剛洗完澡，精神十分放鬆，舒適地在房間裡休息。媽媽想起在《零歲教育》裡曾經談到過有些孩子記得自己出生時的情況，雖然她覺得不太可能，但

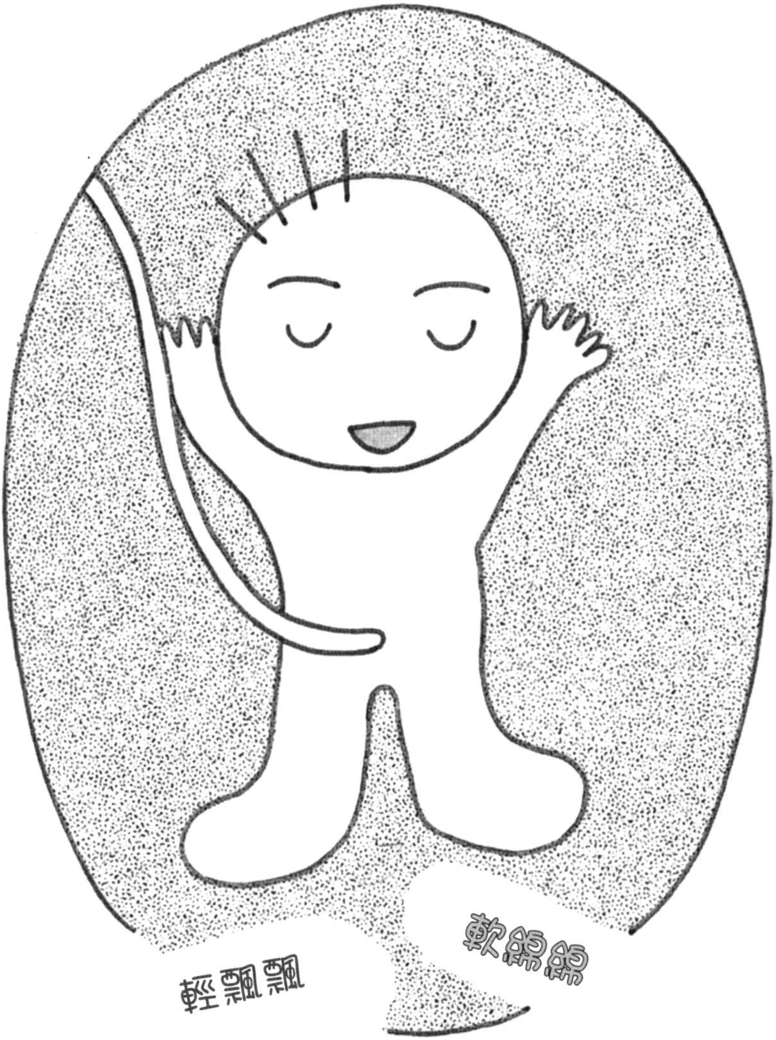
輕飄飄
軟綿綿

還是繼續問了下去。

「跟媽媽說說你在肚子裡面的事情。很寬敞嗎？還是怎麼樣？」結果H回答說：「裡面很窄。」

媽媽再度感到驚訝，所以問他：「很窄嗎？會不會痛？」H回答：「不會痛喔。」

然後，媽媽又問他：「你在裡面很乖嗎？」他回答說：「我會伸手伸腳，可是如果想翻身肚臍會痛，所以沒辦法翻。肚臍前面好像有什麼東西，好像有一條繩子拉著我。」

媽媽立刻想到「是臍帶」，然後又問他：「其他還看到什麼？」他回答說：「我看到上面一直有紅紅的東西在動，但我伸了手也摸不到。」

以前，他們住在國道旁，整天都會聽到車子的聲音，於是媽媽問他：「肚子裡面很安靜嗎？」他回答說：「一直都會聽到車子的聲音」，這更讓媽媽驚訝不已。

這位媽媽雖然沒有進行胎教，可是經常聽爵士樂，但H小朋友卻說完全沒有聽到像音樂的聲音。

媽媽又問：「那你記得出生時的事嗎？」他回答說：「記得。我覺得好刺眼。」

「你出生後有沒有哭？」H說：「只哭了一聲，而且很小聲。因為我覺得好累。雖然肚子很餓，但我好想睡覺，所以就睡了。」

媽媽再問他：「你有沒有喝奶？」他想了一下，好像不知道該怎麼回答。其實，當初第一次餵他的是糖水，但H小朋友不知道糖水的名稱，所以不知道該怎麼回答。

當媽媽問他「是不是糖水？」他立刻大聲說：「對，就是那個。」問他：「是什麼味道？」他回答：「甜甜的、很清爽的味道。後來又喝了ㄋㄟㄋㄟ。」

當時的情況真的和H小朋友說的一模一樣，那家醫院提倡餵母乳，在母親分泌母乳之前，只餵孩子喝糖水。

H小朋友是剖腹產生下的，他媽媽的子宮很小，生出來時，H小朋友真的已經筋疲力盡，只哭了一聲。

H小朋友的媽媽聽了後，不禁嚇了一大跳。

（H教室　R．S老師）

5 胎教可以培養才華

前面介紹的那些擁有胎內記憶的孩子們，都是在媽媽完全不瞭解胎教，幾乎沒有進行胎教的情況下長大的。但若是做母親的瞭解了胎教，並用胎教教育孩子，就可以生下具有超強記憶力和才華的孩子。

先瞭解胎兒具有意識、五感和記憶，再進行胎教，腹中的寶寶就能每天都過著充實的生活，也可以培養他們的才華。

孩子若從胎兒時期就開始記憶及學習，對胎兒時期的記憶和分娩時的情況就能記憶猶新。年齡越小，這些記憶越清晰，到了四、五歲後，隨著年齡增加，記憶會逐漸消失。家裡有二到四歲孩子的父母，不妨問問看孩子的胎內記憶和出生時的記憶。

下面是新潟縣S．K女士的來信。

新潟縣K女士的來信

——日前，我看了七田老師的書後，試著詢問家裡兩歲的老二記不記得出生時的情況。

「你記得出生時的事情嗎？」「嗯，記得喔。」「是怎樣的情況？有誰在呢？」「有醫生。」「醫生？」「對，石海（石黑）醫生。」我聽了以後嚇了一大跳，因為我們從來沒有在孩子面前提過醫師的名字。

他還說：「還有，我脖子很痛。」（當時他的臍帶繞在脖子上）這時，睡在老大旁邊的外子嚇了一跳，問他：「你是怎麼生出來的？」老大就坐了起來，說：「就是這樣（他扭了一下脖子）轉出來的。」

結果，老二也立刻說：「我也是這樣生出來的。」

老二還在肚子裡的時候，因為老大的協助，使老二的發育情況十分理想。

他在出生後一個月就學會翻身，兩個月就會用手匍匐前進，三個月時已經能用四肢爬行，到第四個月，他爬行時小屁股翹得好高，四肢非常有力。在語言發展方面，他兩個月時就已經會說：「媽媽，ㄋㄟ ㄋㄟ」了。

如今他兩歲半了，已經會看、會寫平假名，也可以寫出一～五的數字。

接受過胎教的孩子，出生以後，在成長上真的十分驚人。

美國的布倫特．羅根（Brent Logan）博士認為，嬰兒在出生時，腦細胞會大量死亡，但在進行胎教後，可以留下一部分原始的腦細胞，這樣一來就能生下帶有多餘腦細胞的聰明孩子，因此，他認為出生以前的學習十分重要。

如今，世界各地的許多學者都明確指出了胎教的重要性。羅根博士在許多報告中，都介紹了胎教可以培養出記憶力超強的孩子、富有藝術才華的孩子、智商極高的孩子等等。

6 即使寶寶說「我不記得了」……

詢問家裡的孩子有關胎內記憶的事時，即使他說「我不記得了」，也可以嘗試讓孩子在放鬆的環境下，喚起他在胎內時的感覺和印象，這樣或許可以讓孩子回想起來。

某位母親的來信

每次我問孩子有關胎內記憶的事，他都說「忘了」或是「我不記得了」，所以，我就想，一定是因為他已經四歲了，在相當程度上運用了左腦的關係。但在看了《零歲教育》雜誌中的相關報告後，我決定要將雜誌內容作為參考，用想像的方法讓他回到胎內，再度找回胎內記憶。

傍晚，我和他提了這件事之後，他就一直纏著我問：「什麼時候開始？什麼時候開始？」但我還是等到晚上睡覺時，關了燈之後才開始挑戰。

隨著依序回到三歲、兩歲，他開始聊起在院子裡盪鞦韆之類的事，這些事我早已忘得一乾二淨，因而確實地感受到，他真的一點一滴地在回想起來。

中途，他跟我說：「我就要變成小嬰兒了，可是身體卻沒有變小。」我只好一直對他說：「在夢裡就可以回到媽媽的肚子裡囉。不要緊的。」

如果當時我用錄音機錄下我們的對話，或許現在可以寫得更詳細，但當時我認為讓孩子放鬆最重要，所以繼續讓他在想像的世界中遨遊。

後來他終於談起了詳細的胎內記憶。「那個，我在肚子裡看到了橡皮圈，黏在我脖子那裡……」他用手比劃著，「是像這樣圓圓的。」

我想他說的橡皮圈應該是指繞在他脖子上的臍帶。他還提到了很多其他的事。

漸漸地，他說話的語氣和腔調變得像個正在撒嬌的小嬰兒，不停地說：「嗯……，那個，然後啊……」

他甚至還對我說：「媽媽應該要和美空的姊姊和好。」

「美空的姊姊」指的是我親妹妹，在懷孕後期（十個月左右），我們大吵了一架，曾不斷激烈爭辯，這件事是我當時最大的煩惱。

突然聽他提起這件事，我嚇了一跳，問他：「為什麼？」他說：「這樣我會很高興。」其實，那是我至今尚未解決的煩惱之一，所以我真的被嚇到了。

還有另一件讓我感到驚訝的事是，他說：「肚子裡的水雖然很溫暖，但我好冷。」無論問他多少次，他都說他覺得冷。

後來我才想起來，在懷孕期間，我經常責備我先生，和親人之間的相處也很不愉快，精神始終處於緊張狀態。

當時，雖然胎位不正的情況一度有所改善，但後來我極度生氣責備我先生時，很明顯地感受到又再度出現了胎位不正。我在想是不是只要我累積壓力，他在肚子裡就會跟著緊張，造成血液循環不佳，才讓他覺得很冷。

談到出生時，他摸著脖子說：「這裡很不舒服。」又說肚子也很痛。我真的覺得很對不起他，好想要代替他承受這些痛苦，於是，我輕輕撫摸著他的肚子、背部和脖子，說：「這樣就不冷了。」過了一會兒，我問他：「還會不會冷？」他回答說：「現在變溫暖了。」

後來我問他：「還想回到媽媽肚子裡嗎？」他說：「不用了。雖然當小寶寶很快樂，但媽媽的肚子裡太冷了。」

之後，我們繼續聊了一會兒，他說：「不說了，其他的我都忘記了。」然後很快就睡著了。那天，他睡得好香甜。

7 消除不愉快的胎內記憶（心靈創傷）

胎兒在母親腹中時，很可能會接收到母親在無意識中埋下的悲傷記憶。如果帶著這種悲傷的胎內記憶（心靈創傷），出生後就有可能會成為一個情緒不穩定的孩子。因為當胎兒還在母親腹中，能夠清楚記得母親說過的話和想法。

如果母親的情緒不穩定，經常感到很痛苦，胎兒也會同時感受到這種痛苦的情緒，並且往往會對孩子以後的性格產生很大的影響。

瞭解這一點後，不妨把孩子抱在懷裡，以消除他痛苦的情緒、不安、不滿和悲傷。把孩子緊緊抱在懷裡，具體說出自己在不知不覺中傷害了孩子的事，並真心向他道歉，感謝他來到這個世界上，讓他瞭解父母有多愛他，這麼做可以消除孩子心靈的創傷。

兩歲的A小朋友個性相當開朗，玩數點卡和ESP時，答題的正確率也很高。但他太活潑了，經常和其他小朋友打架，或是雖然很想要和其他小朋友做朋友，卻用錯方法，在椅子上也經常坐不到三分鐘，有些靜不下來。

他的母親是位上班族，但仍很認真地堅持來教室上課。

當A小朋友的媽媽出門上班，而他必須看家時，他就會變得既愛哭鬧又任性，讓在家裡照顧他的外婆很傷腦筋。於是，教室的老師就指導這位媽媽進行五分鐘暗示法。

媽媽回去馬上試了這種方法，但A小朋友夜哭的情形反而變嚴重了。老師於是再指導這位媽媽：「這個孩子從還在母親肚子裡的時期到現在，應該是遭遇到了很傷心的事，要先為這件事向他道歉，然後告訴他，妳很愛他。」

A小朋友的媽媽聽到老師的話，便立刻想到，自從懷孕到孩子出生後，家裡因為某些因素不太平靜，原本以為小孩子什麼都不懂，所以總在孩子睡覺時討論、商量。沒想到A小朋友全都聽進去了。

於是，媽媽回去之後就緊緊抱著他，為他承受了家中悲傷難過的情緒道歉，並充分傳遞了她的愛。最後媽媽說「對不起，讓你覺得難過了」，A小朋友就立刻放聲大哭了出來。

在那之後，A小朋友完全變了。以下是他改變後的情形：

①當媽媽外出工作，他會站在門口高興地和媽媽揮手道別：「路上小心，媽媽要加油喔。」待在家裡的時候，也會乖乖聽外婆的話，和以前簡直判若兩人。

②在教室時，也會乖乖看卡片，玩ESP遊戲時答對的機率也比以前要高。和其他小朋友之間的紛爭也比以前大為減少。

③以前媽媽讀書給A小朋友聽時，他都會跑到隔壁房間去玩，現在媽媽念給他聽的文章他都能琅琅上口。

④他會把玩具湯匙弄彎，彷彿湯匙被加熱過似的。

⑤媽媽在上班的時候想到「孩子的瀏海有點長了，今天回去要幫他修一下」，但等她回家時，A小朋友卻對她說：「媽媽，我自己把瀏海剪好了」，乖乖地自己剪了頭髮。

這個孩子還曾經預言過東京地鐵沙林毒氣事件和阪神大地震。發生東京地鐵沙林毒氣事件的一個月前，他早上起床時突然說：「媽媽，不得了，糟糕了。有好多人用手帕捂著嘴巴，好像很難受地從樓梯下跑上來了。」

他媽媽立刻打開了電視，也翻閱了報紙，卻沒有看到任何類似的新聞報導，因而鬆了一口氣，沒想到一個月後，就發生了東京地鐵沙林毒氣事件。

8 夜晚哭鬧源自於不愉快的胎內記憶

讀到這裡，想必大家都已經瞭解到，育兒並不是從孩子出生以後才開始，而是從胎兒時期就開始了。

沒錯。許多母親因為不知道這些道理，而讓胎兒留下了許多痛苦的回憶，因此，孩子在出生後，反應十分奇怪，會經常哭鬧、不乖乖喝奶，或是有夜哭的情形等，讓媽媽為育兒疲於奔命。

多年前，我在三重縣津市演講時，曾經發生過以下的事。

N婦產科醫院的院長夫婦邀我共進午餐，席間我們談到這樣一件事。N太太在懷孕時，聽過我（七田真）的演講，然後就努力貫徹我在演講時談到的胎教法。

結果，她很順利地生下了孩子。這個孩子的個性很穩重，吸收資訊的能力很強，也很快就學會說話。她女兒現在已經五歲了，她說，她從來不知道育兒可以這麼輕鬆。

N太太有一個高中時代的女性友人在高中當老師，也和她在差不多時期懷孕並生下孩子，但這位朋友一直以為育兒是在孩子出生後才開始，完全不知道胎教這回事。

這位朋友原本迫不及待地計畫在孩子出生後，要充滿母愛地照顧孩子，要用母乳餵孩子，沒想到，孩子在出生後整天哭鬧不休，根本不喝母奶，晚上也吵吵鬧鬧，讓她沒有辦法好好睡覺，育兒之路充滿艱辛。結果，這位朋友因此陷入精神極度衰弱的狀態，最後選擇結束了自己的生命。

相較於瞭解胎教、輕鬆育兒的N太太，那位不瞭解胎教、最後斷送自己性命的朋友實在令人難過。

為了避免類似的悲劇重複發生，N婦產科醫院才會希望能夠在自己醫院內，向所有孕婦全面推廣七田式胎教。

如果認為育兒是等孩子出生以後才開始，那麼，育兒就會變成一件很頭痛的事。如果不瞭解胎教，就無法學習如何和胎兒進行心靈溝通，相反的，還會做出一些讓胎兒傷心的言行，最後，就極有可能生出一個愛哭、心靈受創的孩子。

母親在懷孕期間的身心狀態會立刻對胎兒產生影響。

當孕婦承受壓力，胎內會產生大量腎上腺皮質類固醇，胎兒也會自動受到這種壓力荷爾蒙的影響，於是內心就會產生一種莫名的不安（也就是心靈創傷），使身心始終處於壓力狀態下。當孩子承受強大壓力，根本不可能奢望他有良好的智能發展。

9 有愉快胎內記憶的孩子是天才兒童

懷孕期間，若母親和胎兒保持心靈相通，並充滿母愛地對孩子說話，就可以培養孩子的天賦才能。

通常，孩子出生後和母親之間的心靈相通及合一性，是促進其智能發展的條件。只有和母親的感情融洽，讓孩子感到安心，孩子才能大膽地踏入一個未知的世界。相反的，如果在懷孕期間，胎兒無法和母親建立心靈相通的感覺，分娩時，往往容易導致難產。因為孩子對迎接一個全新的世界充滿不安，所以花在分娩上的時間也相對變長。

胎兒從懷孕時期開始，就能瞭解母親所有願望和想法，所以媽媽也必須瞭解胎兒的這種特質。

胎兒的意識極其敏感，能夠敏銳感受到父母、兄姊和周圍人們的心理。胎兒也可以感受到母親身體的生理作用，並會以自己的方式加以理解及反應。

胎兒是和母親身心相連的，也因此，無法區分自己的感情和母親的感情。所以，若母親在懷孕期間經歷痛苦的情感經驗，胎兒也無法迴避母親這種不愉快或可怕的感情。也就是說，人類在母體內時，會經歷最為強烈的情感體驗。

孩子出生後，是否能夠愛自己、愛別人，或者能否如願地安排自己的人生，其胎兒時期的體驗，會帶來很大的影響。即使孩子日後長大成人，也仍然會維持著在胎兒期學會的適應模式。

因此，是會培養出一個天才兒童，還是培養出一個將迎接痛苦人生的孩子，都取決於母親在懷孕期間的心情和生活方式。

若胎兒在母體內承受太多痛苦的感情，甚至可能會自行選擇流產和死產。因此，胎兒很需要愛和鼓勵的訊息。

「胎兒有感受力，懂得記憶，也擁有意識，從受精到分娩的九個月期間，對其人格、精力和野心的形成，都有著極其深遠的影響。」這句話，引用自胎教著名學者湯瑪斯・維尼（Thomas R. Verny）。

CHAPTER 7

母親的胎教報告

1 在半信半疑下開始胎教

池龜容子女士的來信

——我是在妹妹告訴我：「姊姊，妳看看這本書，真的很棒」，並遞給我一本《嬰兒是天才》之後，才接觸到七田式教育。當時，我正懷著六個月的大女兒。

那是我第一次懷孕，當時我不僅對胎兒、胎教一竅不通，也搞不清楚分娩是怎麼回事，更不知道乳幼兒的大腦和身體是如何發育，於是便藉此機會，接二連三地閱讀了七田式教育的相關書籍。雖然我對胎兒的神奇力量半信半疑，但我覺得，如果胎兒真的聽得懂我說的話，不妨姑且一試。之後，我就每天都對寶寶說話。

以下是從小丫（寶寶在胎兒時期的小名）日記中摘錄的內容。

（二十九週至三十週）

我告訴寶寶自己正在做什麼事，也告訴她家人的事以及所有家人都期待小丫健康出生。這段時期，小丫有胎位不正的情況，我就告訴她，她的頭部位置反了，麻煩她自己轉過來。結果下一次定期產檢時，就發現胎位已經矯正過來了。

我錄下了她爸爸的聲音，內容是爸爸很期待可以看到小丫的心情以及〈般若心經〉，調小音量後，用耳機貼在肚子上給她聽。

（三十一週至三十三週）

除了像以前一樣，每天對寶寶說話，我還拜託寶寶在出生時，體重要在二千八百公克至三千公克之間。結果，大女兒出生時是二千九百七十公克，二女兒是二千九百零二公克。由於我希望先生可以陪我進產房，所以我也拜託寶寶，要在爸爸可以在場的白天時段出生。

後來，大女兒是在星期天上午十點四十五分出生，二女兒則是在星期六下午三點四十五分出生。我拜託她們要靠自己的力量產生陣痛，順利出生。

結果，長女在我躺上分娩台後三十分鐘就出生了，但在進入分娩室之前，花了很長一段時間，所以在懷二女兒時，我就拜託她盡可能讓陣痛時間短一點，只要在出生前痛一下就好。結果，我生二女兒的時間前後只有一小時十五分鐘，實在順利得令人難以置信。

我告訴孩子進入骨盆之後旋轉的方法，以免她們在產道裡耽擱太久，同時也說明了分娩室的情況、出生之後會做些什麼事（剪斷臍帶、測量體重身高、洗澡和點眼藥水），並告訴她們，雖然會離開媽媽一段時間，但不用擔心。

由於我事先曾經拜託醫院不要立刻剪斷臍帶，等過個一、兩分鐘，不再流血的時候再剪，因此，兩次分娩都十分順利。

我之前也拜託過女兒，晚上不要哭鬧，乖乖喝奶睡覺。結果，到目前為止，兩個女兒晚上從來不曾哭鬧過，而且都喝母奶喝到一歲半。

我最想提的一點是，雖然我前面都只談到有關分娩的情況，但在教育這兩個孩子的過程中，我實際感受到胎教最大的好處，就在於寶寶和母親之間可以建立良好的信賴關係，並更進一步增加了彼此的親密度和身心合一的感覺。

當我腹部變得很僵硬或是身體很累，我會拜託腹中的寶寶「雖然有點累，但一定要好好抓緊」或是「再忍耐一下」，然後就真的可以感覺到寶寶在肚子裡抓得很緊，令我很安心。

建立了這種信賴關係後，胎兒掌握了分娩的主導權，只要傾聽孩子的聲音，一切順其自然，就不會有任何不安。生產後第一次與寶寶見面時，也不會有「初次見面」的感覺，反而會覺得「我等你好久了，以後也要彼此相親相愛喔」。

「胎教」對漫長的親子關係有著極其重要的意義，而「胎教」也是七田式＝「心靈教育」的原點。

池龜容子

2 心想才能事成

松田老師的來信

——感謝七田老師一直以來的指導，老師的意見總是相當受用。雖然我寫的這封信並不是成果報告，但我想藉由一些和想像訓練及對寶寶說話等相關的切身經驗，來和大家分享這些工作有多重要。

目前，我們教室的講師甲田老師已經懷孕九個月，預產期在三月底。今天，她依然很有精神地挺著大肚子來教室上班（但已經沒有授課了）。前幾天，甲田老師對我說：「如果我不瞭解七田式胎教，現在一定很辛苦。」

話說從頭。首先，在懷孕初期，甲田老師被診斷可能是子宮外孕，於是，她立刻進行了想像訓練。

結果，受精卵確實著床了，因而讓人鬆了一口氣。但著床的位置好像在靠近子宮上方輸卵管的地方，如果就這樣讓胎兒繼續發育下去，臍帶的長度會不夠，到時候可能會需要剖腹產（當時懷孕四～五個月）。這時，她再度借助了想像訓練和對寶寶說話的力量，並動員了她先生及四歲的兒子一同參與。

在下一次定期產檢（六個月）時，醫生說：「先來看一下寶寶的頭部吧！」但在超音波檢查的影像裡卻找不到頭部，只看到兩隻腳，而且兩隻腳好像壓迫到子宮口，使子宮口張開了（呈楔狀）。而原本應該位於子宮上方的胎盤，卻跑到了子宮下方，形成所謂的前置胎盤。

醫師嚇了一大跳，要求甲田老師兩個星期後再去檢查。於是，甲田老師再度運用了想像訓練並對寶寶說話。當時甲田老師說：「都是因為我一直跟寶寶說下去點、下去點，結果寶寶才會跑到那麼下面。看來應該要告訴寶寶降到正確的位置就好。」

兩週後產檢的情況又是如何呢？胎盤竟然回到了正常的位置，子宮口也閉上了，當然，胎位也恢復正常。醫師還因此對她說：「妳實在很神奇。」

的確，從醫學的角度來看，胎盤不可能在兩個星期內如此快速移動，子宮口一旦張開，也不可能閉合。關於這個問題，甲田老師為了確認，還請教了其他婦產科醫師，但所有醫師都異口同聲地說，在一般醫學常識中，這是不可能的事。

當子宮口張開，醫師會禁止孕婦長距離行走，也不能搭新幹線，但甲田老師對想像訓練充滿信心，認為絕對不會有問題，所以在過年時，她還回了名古屋的老家。但當天晚上卻出血了，子宮口也張開了一公分，有早產的危險，所以緊急安排她住院。

甲田老師立刻進行了想像訓練。到了第二天，出血就停止了，子宮口也閉合了。醫師又說：「這怎麼可能？太奇怪了。」於是，甲田老師馬上又出了院，精神抖擻地回到了東京。

但她娘家的父母可嚇壞了，因為醫師原本要求她無論如何「要住院一個月」。然而，甲田老師認為，只要做好想像訓練，就不會有問題，而她也真的在住院第二天就出院了。原本要住院一個月，但甲田老師只住了兩天，可見想像訓練的效果有多大。甲田老師說：「我現在覺得，無論發生任何事，我都不害怕。」原本甲田老師的先生對七田式胎教抱持著懷疑的態度，但在經歷這件事之後，也變成了七田式胎教的擁護者。

我自己本身也再度認識到了想像訓練的重要性和偉大之處。甲田老師對七田式胎教的深信不疑也讓我感到佩服。令我不禁反省，真誠地信賴有多麼重要。

雖然我寫得很簡略，但希望老師有時間可以過目。

田端教室　松田美歌

3 寶寶如我所願地出生了

久保文月女士的來信

——因為家裡的老大接受七田式教育的關係，所以在生老二（女兒）時，我有機會接觸到七田式胎教。說是這麼說，卻不是做足了很完備的胎教，只是從懷孕第八個月起，我在每天晚上泡澡時，都跟腹中寶寶說我希望的分娩日期、出生時體重和分娩方法（具體如下：在一月二十五日出生，體重三千公克左右，分娩時要旋轉著頭部，順利地生下來）。

以下是我分娩時的實際體驗。我原本希望寶寶一月二十五日出生，但在分娩前一星期，才知道那天值班的是我不太想碰到的醫師，於是，我拜託寶寶等到我的主治醫師值班的一月二十六日再出生。

結果，真的如我所願，在一月二十六日凌晨三點左右，陣痛逐漸開始了，到了凌晨五點左右，每三十分鐘就陣痛一次，凌晨六點左右起，間隔時間則縮短為十五分鐘。於是我打電話給我先生，請他來娘家接我，兩個人一起去了醫院。

當天其實是輪到我先生值班，他七點左右就必須到公司上班，但因為順利地在七點以前發生陣痛，讓我先生可以來接我們去醫院。而且，陣痛產生的方

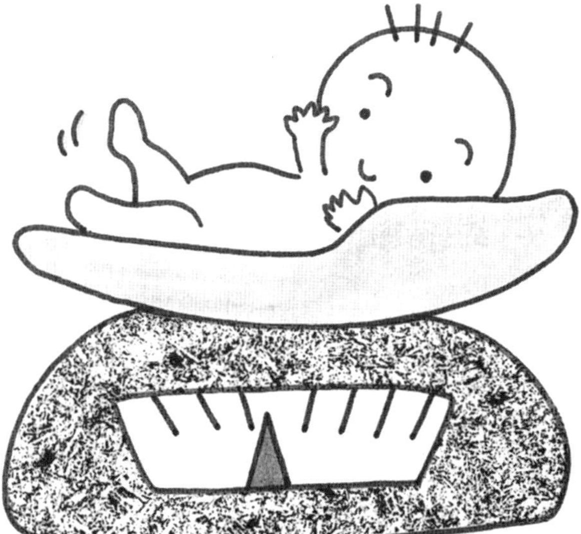

式也和我拜託寶寶的方式相同。

到了醫院後，我開始拜託寶寶，要在中午十二點到下午一點左右生下來，才方便和孩子的爸爸聯絡。到醫院時，已經有兩位產婦在待產，相較於我，她們的陣痛情況很激烈，我陣痛的間隔為十五分鐘，所以護士對我說：「應該還早吧，不知道可不可以在今天生下來。」

之後，陣痛一直沒有太大的進展，我心想，應該不可能在中午出生了，所以，就在病房裡閉上眼睛，進行想像訓練，想像分娩時的情況。

不可思議的是，在十一點左右，陣痛突然激烈了起來，進入分娩室後，只花了十五分鐘左右就順利生下女兒。當時是十二點零七分。

不僅我自己難以置信，連護士也對我超越前面兩位產婦的進度、只消一眨眼的工夫就生下寶寶感到不可思議。女兒的體重為三千零二十八公克，我想如果按照原先設定的一月二十五日出生，一定可以剛剛好三千公克吧。

七田式胎教真的讓我完成了理想中的分娩，我實在太感謝了。

之後，女兒的成長也十分順利，四個月時就會翻身，五個月時就開始爬行，七個月時已經可以扶著東西站立和行走，九個月時，聽到我們說「拜拜」，她已經懂得向我們揮手了。

今後，我對女兒的成長更是充滿了期待。

奈良縣　久保文月

4 我參加了七田老師的胎教講座

N女士的來信

——九月十一日，我順利地生下了百香，體重是三千七百二十公克。

出現陣痛後六小時，我躺在分娩台上一小時，就順利地生了下來。護士在內診時曾經說：「胎兒的頭比較大，可能需要一點時間。」沒想到會這麼迅速，連護士也嚇了一跳。我很慶幸我有事先拜託百香。

這次，在接受七田老師的胎教課程後，我拜託了醫院幾件事：

- 在確認脈動停止後，才剪斷臍帶。
- 還沒剪斷臍帶時，就讓我抱嬰兒。
- 不要使用眼藥水。
- 分娩後，只要幫寶寶把嘴巴周圍擦乾淨就好，不要吸出寶寶嘴裡的東西。
- 不要把寶寶帶到育嬰室，讓我一直抱著她。
- 使用布尿布。
- 讓葉奈（我的大女兒）看分娩時的情況。

一開始，醫師一臉詫異地問我：「是宗教信仰的關係嗎？」我告訴他，是七田式胎教，他就說：「好，先聽聽看是怎麼回事。」於是護士把我請到另一間房間，詳細地問了相關的情況。剛好，那兩位護士也學過七田式胎教，所以幫我說服了醫師，我才得以實現所有願望。雖然沒辦法實現在自己家中分娩的最高理想，但這次分娩還是令我感到極大的滿足。

分娩後，護士將臍帶交到我手上，讓我自行確認脈動的停止。當我抱著剛出生的百香，感到好溫暖，不會覺得黏黏滑滑的，反而覺得很舒服，我好感動。百香也很有精神，令我放心不少。破水時，護士告訴我「羊水好乾淨」，也讓我小小地高興了一下。

因為這次我希望可以不要離開孩子，一直陪在孩子身邊，所以通常會在另一間房間進行的測量工作，當天護士也很貼心地移動到分娩室內進行。

分娩後五小時，百香排出了大量胎便。護士看到這麼多胎便，不禁嚇了一跳，還對我說：「N太太，可能是因為妳採取了自然分娩的方式，而且又在產後抱了寶寶，直接刺激了寶寶的肌膚，才發揮了這樣的效果。排出這麼多胎便，就不必擔心黃疸的問題了。」之後，寶寶真的完全沒有黃疸的問題。

第二天，護士對我說：「N太太，妳這次分娩是我們醫院的一大創舉，我們希望未來能有更多採取自然分娩的產婦。這次經驗真的對我們造成了很大的刺激，我們醫院已經決定，在產婦分娩後，不再讓產婦使用子宮收縮劑了。」

我對醫院提出這麼多要求，沒想到院方不僅接受了，還造成了後續的迴響，我真的很高興。我由衷地感謝自己有機會參加七田老師的胎教講座。

葉奈雖然在產前嫉妒百香，但之後完全沒有發生相同的情況。因為，我按照佐佐木老師教的方法，抱著葉奈說：「媽媽好愛妳」，又讓她看了分娩時的情況。雖然她才兩歲，卻很體貼地親了我一下，說：「媽媽，妳要好好休息，肚子沒問題。」還說「百香好可愛」。

我提醒自己，在之後的育兒過程中，要多關心葉奈，但也不要太寵她，要平等地愛兩個孩子。雖然目前還不知道什麼時候可以再去教室上課，但希望日後還能繼續接受各位老師的指導。我對七田式胎教真的由衷表示感謝。

七田教室　E・N

CHAPTER 8

分娩後的育兒

1 母乳分泌不理想

照理說，媽媽生下孩子後，不可能有不分泌母乳的情況。如果真的分泌不出母乳，可能是在這方面的觀念上有誤。

山西美奈子老師在母乳育兒諮詢所工作多年，她於《母乳育兒的訣竅》一書中談到：「為母乳分泌不足而煩惱的媽媽們，原因出在妳們的飲食生活。一般只要生下孩子，一定會分泌母乳。」

我們必須瞭解到，母乳分泌之所以不理想，問題是出在媽媽的飲食生活。即使母乳的分泌量充足，如果母親的飲食不正確，寶寶也不肯喝母乳。

當母親攝取正確的食物，餵寶寶優質的母乳，寶寶就不會任意發脾氣，不會哭鬧，也不會夜哭，臉上總是帶著笑容，很容易接受教導。

母乳也有好喝和不好喝之分。母親所攝取的食物會立刻變成乳汁分泌出來，因此，母親所吃的東西會影響到母乳的品質和味道。

那些為寶寶經常哭鬧、半夜吵得大人無法入睡而煩惱的媽媽，妳們都吃了些什麼呢？是否攝取了以牛奶為主的高蛋白、高脂肪營養餐？這種飲食並不正確。請改為攝取以穀類和蔬菜為主的飲食，這樣一來，就會出現不可思議的變化。

2 母乳育兒最理想

《我的母乳育兒》一書中一共收錄了四十三位媽媽的體驗手記，希望目前正在養育寶寶的媽媽們都能夠讀一讀這本書。

在此，介紹書裡其中一位媽媽的母乳育兒記錄。

理想的育兒方法

在我們這些朋友中，都認為母乳育兒很理所當然，因此，我們關心的已經不再是到底會不會分泌母乳這種基本問題，而是如何製造優質母乳，使孩子的身心更健康。

也就是說，我們致力養育一個不哭鬧、愛笑、愛玩、眼睛發亮、皮膚光滑、讓寶寶自己跟父母親都能感到幸福的孩子……。剛開始時，我們也曾覺得這個目標可能太過異想天開，只是種奢求，但不可思議的是，在實際進行的過程中，孩子真的漸漸接近了理想的目標，而且，並非只有我家的孩子而已，有許多媽媽都成功養育出了優秀的孩子，就好像做夢一樣。其中的祕密其實很簡單，單純只是調整飲食習慣而已。

具體來說，以我為例，我戒掉了所有動物性食品和水果，飲食改以穀類和蔬菜為主，調味時也不使用油、砂糖、味醂和酒。

老實說，剛開始時，我也半信半疑。但由於當時我罹患了乳腺炎，採取這種飲食療法就可以避免吃藥和動手術，所以是吸引我嘗試的最大誘因。當自己真的很不舒服，就會主動克服某些困難。

我愛好美食，所以原本只打算「在治好乳腺炎以前」採取這種飲食法，但在大幅調整自己的飲食習慣後，原本寶寶每天排便十次左右，竟然一下子就減少成兩到三次，我自己的身體狀況也大有改善，所以「半信」變成了「三分之二」相信。

在我的乳腺炎因此改善，母乳育兒也進行得相當順利時，我忍不住貪了嘴，結果寶寶一下子出現眼屎，一下子出現濕疹，或是哭鬧不停，排出不正常的便便，甚至對父母表現出警戒的態度。看到好幾次這樣的情形，終於讓我「完全信服」了。

我開始察覺到以前不注意飲食習慣時被我忽視（或不瞭解）的一些問題，又親眼看見了孩子的變化，所以即使在乳腺炎改善後，我仍然堅持這樣的健康飲食。

3 改變目前錯誤的營養觀念

現代母親對兒童的飲食有著錯誤的營養觀念，而且完全沒有注意到孩子因為不正確的飲食出現了奇怪的變化。

以下介紹幾則在幾位媽媽的體驗記錄中，有關飲食部分的經驗談。

——在一來一往調整飲食習慣的過程中，我深刻感受到，孩子的身體才是最符合大自然原理的。根本不需要勉強孩子吃肉、魚、雞蛋、砂糖和水果這些東西，即使沒有這些食物，孩子還是可以活得很健康。或許別人聽了會感到很驚訝，但我兒子至今從來沒有吃過這些東西，如今，他不僅骨骼強壯，也很有自己的主見。

——隔天一早，左側的硬塊竟然神奇地變小了，於是，我放心地再度去諮詢所，請他們幫我按摩胸部。在那之後，兒子看著我的眼睛，拚命地喝著母奶。喝完後，還對我微笑。這個令人感動的場面，是在我開始攝取以白飯、蔬菜和魚為主的飲食後，第二天出現的。

我好像感受到一種文化衝擊。在山西美奈子小姐的指導下，我避免攝取牛奶、雞蛋、大豆等食品，並持續攝取前面所談到的以米飯、蔬菜和魚為主的飲食，結果，母子身上都快速地出現了變化。

首先，餵奶時間縮短為十分鐘左右，寶寶再也不會喝奶喝到一半就睡著，或是停下來不喝。當然，在餵奶時也不需要再一下子拍他、一下子捏他，好讓他醒過來。而且，他還養成了白天喝奶後開開心心地玩、半夜喝奶後倒頭就睡的好習慣。

寶寶吐奶、打嗝、打噴嚏、無意義呻吟的現象日漸減少，尿布疹也差不多在三天左右就痊癒了。而且，他變得很少哭鬧、心情常常都很好，連我先生也驚訝地問：「嬰兒有這麼安靜嗎？」我想，這才是孩子真正的面貌吧！

——有些醫師認為「乳汁不會一下子就大量分泌」，但在我嘗試了正確的飲食之後，我發現這種觀念是錯誤的。

當我吃孩子不喜歡的食物，或是隔兩個半小時才餵奶，寶寶喝奶時就會顯得有氣無力，或是不停扭動身體、咬我的乳頭。有時候還會不停哭鬧，整天都黏著我不放。

但我餵優質母乳時，寶寶就會拚命地喝，可以聽見很有節奏的咕嚕咕嚕聲，還可以看到他下巴上下活動的樣子。寶寶吃飽時，會很乾脆地放開乳頭，一個人玩了起來。雖然乳汁都被喝光光了，但當寶寶下次要喝，又會從乳房深處湧出。喝新湧出的乳汁時，寶寶會看著我的眼睛，輕輕地觸摸著我的臉，不時對我微笑，神情顯得十分愉悅，我也倍感滿足。

——無論別人如何責難這種方式，首先，我先生對我表示支持，我婆家也很幫忙，所以，我很感謝周圍人的支持，讓我能夠用母乳餵兒子到他一歲五個月。

當初，我父母、姊姊、親戚和朋友看到我改變飲食時，經常會問：「那蛋白質要怎麼辦？」「這樣不會營養失調嗎？」或是指責我：「妳是不是加入了什麼新興宗教？」我每天不是跟他們吵架，就是難過到哭。

直到現在，我的家人和朋友還是會跟我說，我當時的臉好可怕。不知道是我的熱情打動了他們，還是他們不得不接受我，總之，現在他們都很能體諒和理解我的做法。

——我大女兒四歲了，平時很少給她吃甜食，偶爾讓她吃一下巧克力聖代時，她會很高興，但當天晚上就會變得比平常不聽話、不停耍賴或哭泣。

飲食必須有助於兒童的成長，母親為孩子準備飲食時，必須考慮到這一點，才能培養出身心健全的孩子。

4 恢復傳統飲食

以前的人很少吃肉或喝牛奶，在第二次世界大戰後，日本人才開始常喝牛奶。飲食習慣改變後，日本兒童的身體就逐漸開始出現各種問題。

兒童蛀牙、骨折情況增加。現代的兒童中，約有九成的人脊椎有問題。因此，應當努力恢復傳統飲食，這樣一來，出現在孩子身上的異狀就會逐漸消失。

原本調皮的孩子會安靜下來，缺乏專注力的孩子會變得更有專注力。

原本持反抗態度的孩子會變得乖巧聽話，記憶力差的孩子，記憶力則會逐漸增強。

飲食是育兒的基本，如果完全不注意飲食，卻想著要教出優秀、會讀書的孩子，無異「緣木求魚」。

5 孩子出生後，立刻讓他學習語言

從前的觀念認為，小孩子是藉由內在的語言能力學習說話。孩子出生後一～三個月開始學習說話時，才是嬰兒語言學習的第一步。任誰都沒有想過，其實嬰兒從出生第一天開始，就已經在學習語言。

最近的研究發現，嬰兒的確從出生的那一刻開始，就已經在學習語言。父母對孩子展露出的笑臉、表情和動作，都是在教導孩子如何進行溝通。

以前認為，在孩子學習語言的過程中，父母只能夠扮演被動的角色，孩子會自然而然地學習語言，父母或身旁的人不需要積極教孩子語言（即使是現在，抱持這種想法的人仍然占大多數）。

但其實不然。母親對小嬰兒說話時，可以讓孩子學習會話和交談的基本原則。當寶寶發出聲音，不妨試著模仿他發出的聲音回應他。嬰兒就會瞭解到，當自己發出聲音，可以讓媽媽發出和自己相同的聲音。

當母親經常注視著寶寶、對他微笑或是對他做某些動作，孩子就能漸漸領會其中的意思。當媽媽指著寶寶周圍的物品，告訴他物品的名稱，孩子就會領悟到，那代表物品的名字，並且可以比那些不曾受過這種教導的孩子更早開始學習和記憶。

於是，孩子就會比其他孩子更早學會表達能力。

6 向孩子描述他的未來

經常有人問我，到底該對剛出生的孩子說什麼。最好的方法，就是媽媽向他描述他的未來。

不僅如此，媽媽在胎兒時期對肚子裡的寶寶述說的夢想，能夠為孩子出生以後的行為帶來生命力、意義及目的。

在胎兒時期描繪的夢想，只要時機成熟，就會一一「美夢成真」。史丹佛大學的研究發現，若母親在懷孕期間積極向孩子描繪未來的景象，孩子在出生一年後，智能發展會比其他孩子更發達，情緒適應能力也比其他孩子更高。

7 玩玩具可以促進孩子成長

盡可能早一點開始和寶寶進行拿東西、給東西的遊戲。這種遊戲可以讓孩子建立順序的概念，並培養孩子成為一個捨得分享的人。

在這個遊戲中，可以讓寶寶學習到什麼時候要將玩具遞給別人，什麼時候由自己拿取，也可以讓孩子學習將注意力集中在同一個遊戲上。

寶寶在這個遊戲中，同時扮演著給予和接受的角色。把東西給別人、接過別人遞過來的東西的技巧正與會話的技巧相同，寶寶可以藉由這個遊戲學習表達能力，並建立起順暢表達自己意見的能力。

不會玩這種遊戲的寶寶往往無法和其他孩子順利溝通，無法建立順序意識，變成一個只知道「受」，不懂得「施」的孩子。

這種接受和給予的遊戲，是培養孩子表達能力最重要也最基本的遊戲。盡可能在四、五個月時就開始和孩子玩這種遊戲。

這並不是玩個一兩天就結束的遊戲，要持續玩上好幾個月。寶寶不僅能從這個遊戲中學習遞交、收取玩具，還可以從中學習對話，以及從對方的表情、動作中「察言觀色」，培養和其他人溝通的能力。

嬰兒還可以藉由這種遊戲學習語言所發揮的效果，瞭解在這個遊戲中所使用的語言是表達自己和對方心情的工具。這也是讓孩子學習會話原則最理想的遊戲。

當孩子看到媽媽的視線轉移，就可以學習在某種程度上回應媽媽的期待。

8 新生兒時期的育兒態度決定了孩子的性格

從寶寶出生開始直到五、六個月的這段期間，媽媽對待寶寶的態度，決定了他將來的性格究竟是開朗還是沉悶。孩子在這個時期與他人交流後學習到的經驗，決定了孩子的性格。

一般認為，在六個月以前，若孩子曾和父親一起玩鬧，體驗過「極致的興奮」，六歲後，就會對「興奮」抱持著肯定的態度。但若孩子不曾有過極致興奮的經驗，由於不瞭解其中的樂趣，就會對此抱持否定的態度。

也就是說，在六個月以前，讓寶寶生活在幸福的心情中，可以讓孩子瞭解什麼是幸福；不曾體會過幸福的孩子，長大之後就不懂得什麼是幸福。

如果母親的心情缺乏一貫性，對寶寶的態度時好時壞，或是對寶寶表現出不愉快，就會令寶寶覺得幸福很虛幻，無法安心沉浸其中，導致情緒不穩定。

對嬰兒而言，母親永遠都是明亮的太陽及幸福的象徵。但在現實生活中，母親不可能永遠開朗，不可能永遠都是寶寶幸福的來源，因此會讓寶寶感到不安。

父母應該隨時用言語和動作讓孩子瞭解，「你周圍的世界是如此明朗、如此美好」「我會一直陪在你身邊」，讓孩子感到安心，能幫助孩子對這個世界敞開心房，以開朗和坦率的態度和他人相處。

相反的，如果孩子在成長過程中無法感到安心，就會隨時有不安全感，經常尋求母親的懷抱，把自己封閉起來。

想要開拓寶寶的世界，母親必須隨時以愉快的心情和寶寶相處，用開朗的態度對孩子說話，和他玩遊戲，滿足寶寶的視覺和聽覺。

9 寶寶滿三個月前的照顧方式

直到不久以前，大家都還相信，剛出生的孩子眼睛看不到、耳朵聽不見，智力也不高，而零到三歲是讓寶寶的內在自行成熟的時間，因此，在這段時間內應該盡量不要給予刺激，父母也應該盡可能保持安靜，不需要特別對孩子做什麼或進行干涉。

然而，現在的觀點卻和以前完全相反，普遍認為，寶寶出生後的三個月內，父母和寶寶之間的互動是決定能否培養出聰明兒童的關鍵。

零到三歲是藉由親子之間玩遊戲，讓父母和孩子彼此影響的重要時期。如果父母不瞭解這一點，在這段時間內沒有帶給寶寶快樂和安全感，就無法培養孩子健康的感情和心理。

父母其中一方照顧者，在一天之內必須抽出大部分的時間和寶寶相處，以建立親子之間親密的感情。有些人以為，讓孩子盡可能獨處有助於建立孩子的獨立，其實這是完全錯誤的方法。

盡可能多和寶寶相處，多撫摸孩子的身體，輕輕地戳戳他、搖晃他、搔他癢，使用手搖鈴等會發出聲音的嬰幼兒玩具或積木陪寶寶玩，都可以使孩子的心靈和感情變得更加富有活力。

這個時期內和孩子的相處模式，會形塑出孩子的基本性格。若能成功建立孩子的性格基礎，往後的育兒會十分順利，孩子不會再無緣無故哭鬧，讓父母不知所措。

相反地，如果失敗了，育兒工作會變得很棘手。為了矯正孩子扭曲的心靈和感情，常會把父母給搞得人仰馬翻。

當孩子站在人生的起跑點上，父母應該學習和孩子相處的正確方式。在這個時期最重要的是，不能對孩子置之不理，必須努力瞭解孩子的感情、讓孩子感到快樂。

10 母親必須具備的四大特質

一般認為，母親必須具備以下四大特質，才算是一個善於育兒的母親：

①忍耐力強。
②努力和孩子進行心靈交流。
③瞭解為孩子帶來快樂的方法。
④富有獨特的感受性。

零歲～一歲的嬰兒正處於學習的起跑點，幾乎無法獨力完成任何事，但孩子仍會努力學習。打從出生那一刻起，嬰兒就已經開始學習，學習可說是他們的工作。

因此，媽媽不能因為孩子不會做就輕言放棄，必須有耐心地陪著孩子。

例如，在玩木釘插板（pegboard，將小木棒插進有孔的板子再拔出來玩的遊戲器具）時，即使寶寶不會做，媽媽也必須有耐心地多示範幾次，同時必須擁有一顆能夠在一旁守護寶寶成長的溫暖心靈，絕對不能輕易地認為「這個孩子不會」就放棄。

當寶寶醒著，不能因為孩子很乖、不吵不鬧就不予理會。要走到孩子身邊，注視著他，對他說說話，讓他聽聽其他聲音，或是用動作來教導他。

在這個時期，母親注視孩子、對孩子說話、陪孩子玩的次數多寡，將會影響孩子的ＩＱ高低。

寶寶雙手的靈活度是在母親的膝蓋上學習的。在這個時期，如果媽媽不懂得如何取悅寶寶，就會影響寶寶的學習技巧及靈活度。

會發生如「這個孩子很不靈活！」「這個孩子不懂得怎麼和其他小朋友玩！」這類情況，往往是因為在零歲到一歲期間，媽媽沒有向孩子示範玩遊戲的方法。如果母親在這段時期偷懶不下工夫，就培養不出靈活的孩子。

只有經常陪孩子玩，聲援他、鼓勵他，肯定他的小小進步，隨時加以稱讚，才能培養出好學、積極、懂得快樂遊戲的孩子。

當孩子堆起一個積木，要高興地為他鼓掌，用這種鼓勵的態度，可以培養孩子的積極性和靈活度。

當孩子一出生，就立刻把孩子抱在懷裡，這樣可以使母親建立起對自己孩子的特別感受性。據說在出生後一小時這段極短的時間內能這麼做是最理想，時間最長不要超過分娩後七天。

這就像是男女之間的一見鍾情，這種感情可以促使未來母子間的感情更加親密。母親豐富的感受性對嬰兒的成長十分重要。富有感受性的母親能夠立刻察覺孩子的感情，本能地知道現在該為孩子做些什麼，瞭解如何才能讓寶寶高興，也就可以讓寶寶保持快樂的心情。

缺乏感受性的母親並不覺得和孩子相處很快樂，也不知道該怎麼和孩子相處。她們若是不去詢問他人，或是看育兒書，就不知道該為孩子做些什麼。她們既無法對孩子的成長充滿信心，也無法在一旁守護寶寶，她們的內心充滿不安，情緒焦躁，且對寶寶有著過度的要求。

富有感受性的媽媽能夠本能地瞭解到孩子目前的學習程度，並且懂得巧妙引導孩子的學習發展更進一步，但是不會要求孩子做一些他們能力不及的事。

母親理解與回應寶寶的方式，將對嬰兒的智能和性格產生極大的影響。

11 父親與嬰兒

育兒過程中，父親的重要性絕不輸給母親。父親陪寶寶玩，可以培養出積極有活力的孩子。

通常，八個月左右的孩子很喜歡和父親玩。相較於母親會以溫柔的聲音、眼神或玩具與寶寶互動，父親則會使用自己的身體，以接近原始且強而有力的方式陪寶寶玩，這對寶寶的感情發育有著極大的影響。

父親這種富有活力的互動方式對男孩子的成長尤其重要。

和父親玩充滿刺激感的遊戲，可以使孩子自律神經的控制功能順利發揮作用，逐漸強化寶寶對於刺激的反應，有助促進情感的發育。

但必須注意的是，過度的刺激會弄哭孩子。

尤其對男寶寶來說，如果沒有在這個時期教會他健康地消耗精力的方法，孩子會缺乏生動活潑的表情。擁有和父親盡情玩鬧經驗的孩子，通常都能學會如何盡情玩耍又避免受傷。

和父親之間的遊戲經驗，是孩子日後和朋友互動及遊戲的原形。育兒過程中，如果缺乏父親的角色，孩子在這方面就會比較弱。對男寶寶來說，更是需要一個能夠相互影響的男性玩伴。

父親同時也必須善盡身為一個丈夫的職責。當父親可以成為母親傾訴、商量的對象，才能讓育兒工作維持在最佳狀態。如果父親認為育兒是母親的工作，毫不關心自己孩子的教育，就等同於是放棄了自己身為父親的權利。

猶太人並不會因為有了孩子就可以當父親，只有在給予孩子適當的教育後，才會被視為父親。

父親必須充滿體貼、體諒。父親的支持有助於母親扮演好自己的角色。

良好的夫妻關係是育兒的基礎，丈夫體諒、體貼妻子的程度，與母親對孩子表現出的責任感和態度有著密切的關係。

12 培養聰明寶寶的訣竅

以下兩點與孩子的智能有很大的關係：

①母親豐富的表達能力和充滿慈愛的感情。

②和父親之間藉由遊戲所建立的關係。

加州大學的史都華（Stuart）教授認為，這兩項要素是培養聰明孩子的必要條件。他也建議，有時候父母應該視情況互換角色。

如果父親所扮演的角色僅止於孩子的玩伴，將會引起很大的麻煩。例如，如果讓寶寶產生了在煩躁狀態時，只有母親可以緩和自己心情這種先入為主的觀念，當孩子不小心跌倒撞到頭或是肚子痛，心情不安想尋求安慰，就一定要由母親來安慰他不可。

角色交換的好處在於，可以使丈夫更瞭解妻子每天忙於家務的辛苦，也就更懂得疼愛妻子。而對孩子來說，父親則能夠成為和母親一樣，是可以使自己心情平靜的存在，甚至有可能更希望父親來逗自己開心、陪自己玩。

母親在細心照顧寶寶生活起居的過程中，透過不斷累積經驗，可以幫助孩子確立自己的個性，並讓他學習生活技能。父親則能藉由分擔育兒的雜務工作，具體瞭解孩子的發育階段，並體會母親的辛勞。

最後，介紹一則來自「夢想家」的會員的來信，做為本書的結尾。

每次閱讀會報，總是感佩於各位會員的努力，也每每讓我感到好生慚愧。

在老師的指導下，我女兒逐漸成長茁壯，今年四月五日，她即將成為小一的新生。我只希望她在入學後，可以盡情地玩。會這麼說，是因為在至今為止的學習過程中，無論在哪方面，即使不須我多加督導，她也已經養成了獨立的習慣。

雖然許多人為了孩子要上小學而亂成一團，但我們家似乎並沒有特別把這件事放在心上，既不擔心也不會感到特別緊張。我認為，她一定可以順利適應學校的生活。

從幼稚園的時候開始，女兒對任何事物的吸收能力都很強，在學校學到的事情，她一回到家就會主動複習，或是自己做出新的嘗試，很喜歡動腦筋挑戰。

她好像覺得每天只要花一點時間讀書，在那之後就都是自己的自由時間，所以每天都會很快就做完功課。寫日記時，遇到不會寫的字，她都會來問我，我有時候一忙，就會叫她寫注音就好，但她還是會自己查出正確的字寫上去。有時候她的腦袋就好像電腦一樣，可以完全記得某本書上的第幾頁寫了些什麼，所以，從不久前開始，我就已經完全不輔導她的功課了。

最近，我幫她買了《貓的祕密》和《不可思議的身體》這兩本書，她每天都反覆地看，無論走到哪裡都帶著，只要一有時間，就會翻開來看。結果，她把書裡的內容都記住了，即使不看書，也可以說出什麼黑色素的深淺，或是眼睛有什麼功能，耳朵是怎樣的構造，鼻子、眉毛的功能是什麼，以及人為什麼會長出白頭髮等等。我先生算是個知識淵博的人，但最近反而都是女兒在教他。有時候，我甚至在想，照這樣下去，她應該可以去學醫。

在此，介紹三首我女兒寫的詩——

麒麟檸檬的音樂會（譯註：麒麟為日本飲料品牌之一）

把耳朵貼近麒麟檸檬
可以聽到很多聲音
在麒麟檸檬的罐子裡
正在舉行音樂會

瓢蟲

我找到瓢蟲了
可愛的七星瓢蟲
在我的手指上翻山越嶺
躲到我運動衣的袖子裡

呼呼大睡
在我手上撒了尿
逃走了

青蛙

青蛙停在窗戶上
鼓起大肚子
胖胖的，好可愛
我好想把牠當寵物養
但家裡的貓「英吉」
會欺負牠，太可憐了
還是放過牠好了

（神奈川縣M・S）

國家圖書館出版品預行編目資料

七田真最新胎教：右腦開發之父教你從懷孕開始的最高育兒法／七田真作；賴翠芬譯. -- 初版. -- 新北市：世茂，2020.05
面；　公分. --（婦幼館；170）

ISBN 978-986-5408-20-6（平裝）

1. 胎教　2. 懷孕　3. 育兒

429.12　　109003038

婦幼館 170

七田真最新胎教：右腦開發之父教你從懷孕開始的最高育兒法

作　　者／七田真
譯　　者／賴翠芬
主　　編／楊鈺儀
責任編輯／李芸
封面設計／Lee
出 版 者／世茂出版有限公司
地　　址／（231）新北市新店區民生路 19 號 5 樓
電　　話／（02）2218-3277
傳　　真／（02）2218-3239（訂書專線）、（02）2218-7539
劃撥帳號／ 19911841
戶　　名／世茂出版有限公司　單次郵購總金額未滿 500 元（含），請加 80 元掛號費
酷 書 網／ www.coolbooks.com.tw
排版製版／辰皓國際出版製作有限公司
印　　刷／傳興彩色印刷有限公司
初版一刷／ 2020 年 5 月
　　三刷／ 2023 年 5 月
I S B N ／ 978-986-5408-20-6

定　　價／ 300 元

AKACHAN NO MIRAI GA HIRAKERU ATARASHII TAIKYO
by Makoto Shichida

Original Japanese edition published by PHP Institute, Inc.
Complicated Chinese translation rights arranged with PHP Institute, Inc.
through Japan Foreign-Rights Centre / Bardon-Chinese Media Agency